Gaosu Gonglu Jianshe de Hexie Guanli

高速公路建设的和谐管理

——广东兴畲高速公路

李　坚　李春伟　主编

人民交通出版社

内 容 提 要

和谐管理是构建和谐社会的理论基石。本书基于和谐管理理论的研究脉络，以广东梅河高速公路有限公司负责建设管理的兴畲高速公路项目为研究对象，深入分析了在兴畲高速公路项目建设的各个阶段，广东梅河高速公路有限公司在征地拆迁、设计施工总承包管理模式、环境保护和项目建设过程中，实施和谐管理的具体做法，总结了兴畲高速公路项目实施和谐管理的效果，探讨了兴畲高速公路项目实施和谐管理模式的启示。

本书可作为从事高速公路、高等级公路和特大桥梁建设的工程管理、设计、施工和监理人员的参考书，也可作为高等院校的教学参考书。

图书在版编目(CIP)数据

高速公路建设的和谐管理——广东兴畲高速公路／李坚，李春伟主编．—北京：人民交通出版社，2009．9
ISBN 978－7－114－07958－0

Ⅰ．高…　Ⅱ．①李…②李…　Ⅲ．①高速公路－建设－研究－广东省②高速公路－管理－研究－广东省　Ⅳ．F542．3

中国版本图书馆 CIP 数据核字(2009)第 147016 号

书　　名： 高速公路建设的和谐管理
——广东兴畲高速公路
著 作 者： 李　坚　李春伟
责任编辑： 丁润铎　贾秀珍
出版发行： 人民交通出版社
地　　址：（100011）北京市朝阳区安定门外外馆斜街 3 号
网　　址： http://www.ccpress.com.cn
销售电话：（010）59757969，59757973
总 经 销： 北京中交盛世书刊有限公司
经　　销： 各地新华书店
印　　刷： 廊坊市长虹印刷有限公司
开　　本： 787×1092　1/16
印　　张： 13.5
字　　数： 196 千
版　　次： 2009 年 9 月第 1 版
印　　次： 2009 年 9 月第 1 次印刷
书　　号： ISBN 978－7－114－07958－0
印　　数： 0001～2000 册
定　　价： 35.00 元

序

新中国建国60年华诞之际,由中国企业评价协会组织编写的《高速公路建设的和谐管理——广东兴畲高速公路》一书出版。这本书的出版,填补了我国管理学中关于高速公路建设与管理的空白。我曾随调研组一同到这条以神奇速度建设的公路上考察,也倾听过项目组的汇报,被创业者们的做事激情和科学管理、精细管理的事迹所打动。可以说,此书出版不仅对于创业者是一个总结,也是对高速公路建设与管理的贡献。

我国建国60年来,特别是改革开放30年来,经济社会保持了快速的发展势头,各项建设事业取得了举世瞩目的成绩。我国经济社会发展已进入人均GDP从1 000美元向3 000美元跨越的关键阶段。这一阶段的主要特征是:经济体制深刻变革、社会结构深刻变动、利益格局深刻调整、思想观念深刻变化。从国际经验看,这个阶段既是快速发展的黄金期,又是社会矛盾的凸显期。我国改革发展和经济社会领域都遇到了许多问题,如经济建设与能源保护、环境污染之间的矛盾日益突出,城乡差距和贫富差距的持续扩大,就业、社会保障、收入分配、教育、医疗、住房等关系群众切身利益的问题仍比较突出。同时,世界多极化和经济全球化的趋势深入发展,国际环境复杂多变,影响我国和平与发展的不稳定不确定因素增多。在我国经济社会发展中,统筹兼顾各方面利益任务艰巨而繁重。

面对新形势新问题,胡锦涛主席提出了“构建社会主义和谐社会”的指导思想,即按照民主法治、公平正义、诚信友爱、充满活力、安定有序、管理完善、人与自然和谐相处的总体要求，以解决人民群众最关心、最直接、最现实的利益为重点，推动社会建设与经济建设、政治建设、文化建设协调发展。和谐社会作为人类永恒的生命主题和价值追求，是一种信仰、一种理论和一种实践。从系统的角度看，和谐社会是一种整体性思考问题的观点，它要求我们把工作视野拓展到政治、经济、社会、文化等各个方面，运用政策、法律、经济、行政等多种手段，统筹各种社会资源，综合解决社会协调发展问题，从而使全体人民处于各尽其能、各得其所、和谐相处的状态。而和谐社会目标的实现，需要通过科学的管理手段来达成。和谐管理顺应了这种趋势，其基本思想就是如何在各个子系统中形成一种和谐形状，从而达到整体和谐的目的。

和谐管理是由我国学者首先提出的，是在吸收中国传统哲学、古代管理思想的精华的基础上，借鉴和引进西方管理科学最新成果深入研究和实践的选择，是具有中国特色的管理探索。和谐管理的研究对象是可持续发展特性的组织和系统，是一种新的管理理念。在构建和谐社会的过程中，离不开为其提供物质基础的企业。企业和谐管理，就是企业按照“和谐”理念，对企业所拥有的资源进行计划、组织、领导和控制等一系列管理，以使有效达到既定组织目标的过程，其目的就是要实现获得包括经济效益、社会效益和生态效益在内的生态经济综合效益，实现多方参与主体的互惠共赢。和谐管理实现了企业全面价值的最大化，具备目标的全面性、决策的民主性、运行的透明性、监管的完备性、企业文化的进取性、对外的诚信性等多个特征。按照和谐管理理论，人们可以既站在一个相对统一的框架内看待管理问题，又将每一个需要分析的管理问题视为具有其特定情境和性质的“个体”，剖析组织是否围绕其和谐主题，并通过“和则（人的能动作用）”与“谐则（优化设计）”的有效运用来解决组织问题。这就使得和谐管理理论解释力的广泛性达到了传统理论所没有的高度。因此，在构建和谐社会的过程中，特别是经济建设的各个领域，需要和谐管理作为支撑。

高速公路建设需要和谐管理。高速公路建设作为一项数额巨大的投资，其产生的影响往往是长期的、潜在的，最直观的影响就是它对经济的拉动作用。据测算，每1元公路建设投资带动的社会总产值接近3元，相应创造国民生产总值0.4元。目前，全世界已有90多个国家和地区拥有高速公路，通车里程超过25万公里。美国、日本、德国、加拿大等发达国家已经构筑起与本国经济和社会发展相适应的高速公路网。从1988年上海至嘉定高速公路建成通车至今，在"五纵七横"国道主干线系统规划的指导下，我国高速公路从无到有，总体上实现了持续、快速和有序的发展，特别是1998年以来，国家实施积极财政政策，加大了包括公路在内的基础设施建设投资力度，高速公路建设进入了快速发展期，年均通车里程超过4 000公里。到2008年底，我国高速公路通车里程已超过6万公里，继续稳居世界第二位。根据国家高速公路网规划，我国高速公路通车里程在不远的将来会达到8.5万公里。也就是说，我国高速公路的建设任务依然繁重。但同时，高速公路建设是自然资源开发项目，虽然属于非污染生态项目，但它可能对生态环境、水土流失、噪声、大气和水环境造成影响，同时对社会经济、自然景观等也产生一定的负面影响。从可持续发展的角度来看，我国高速公路建设必须坚持"资源节约、环境友好"的原则，必须同时兼顾经济、社会、环境等多个目标，这就要求在建设施工中，坚持科学管理、和谐管理的思想。

《高速公路建设的和谐管理——广东兴畲高速公路》一书，以广东梅河高速公路有限公司负责建设管理的兴畲高速公路为研究对象，深入分析了在兴畲高速公路项目建设的各个阶段科学管理与和谐管理的方法，特别是广东梅河高速公路有限公司在征地拆迁、设计施工总承包管理模式、环境保护和项目建设过程中实施和谐管理的具体做法，总结了兴畲高速公路实施和谐管理的效果，探讨了兴畲高速公路项目实施和谐管理模式的启示。课题雄辩地证明，广东梅河高速公路有限公司对和谐管理模式的有益探索，非常值得称道和学习的，也是值得在同行业或更广的行业和领域推广，对于企业实施科学管理与和谐管理具有重要的启示意义和示范效应。

我相信，该书一定能够起到应有的作用，并得到广大读者的喜爱和好评。该书若能为我国高速公路建设乃至其他行业的科学管理、和谐管理起到抛砖引玉的作用，我想其研究者为此付出的所有努力就将是有价值的。

是为序。

陈文玲

2009年6月5日

前　言

和谐管理是当代管理领域的最新研究方向。“和谐”源于中国古代丰富的管理思想和文化,强调“利”、“义”的对立统一。企业和谐管理,就是企业按照“和谐”理念,对企业所拥有的资源进行计划、组织、领导和控制等一系列管理,以使有效达到既定组织目标的过程,其目的就是要实现获得包括经济效益、社会效益和生态效益在内的生态经济综合效益,实现多方参与主体的互惠共赢。因此,和谐管理不仅是一种管理哲学,也是一种可以赋之于操作的管理方式,它是组织系统功能和机制内外互动共赢的行为过程,是局部与整体的平衡与统一。对和谐管理的研究是本土化的管理创新,是借鉴和引进西方管理科学的最新成果和结合中国管理现象,具有中国特色的管理范式研究。

高速公路建设需要和谐管理。据统计,截至目前,我国高速公路通车里程已达6.03万公里,继续稳居世界第二位。高速公路在推动我国经济发展、拉动社会进步、保障国家安全、服务可持续发展等方面发挥了重要作用。随着我国高速建设的快速发展,一些相关的负面问题也暴露出来。高速公路建设要占用大量耕地,穿越湿地、林地、自然保护区、风景名胜区、饮用水源保护区等环境敏感区,加重了对生态环境和土地资源的压力,造成了水土流失、生态平衡失调、气候异常以及环境污染等问题。

同时,高速公路建设会造成一定数量的拆迁,改变了居民原有的生活方式,涉及沿线群众的切身利益,如果处理不当,不仅会影响工程建设进度,还会产生不良的社会影响。此外,高速公路建设项目的参与单位较多,建设周期长,技术复杂,使得高速公路建设项目的管理成为一项复杂的系统工程。由于管理模式的集成化程度不高,往往出现项目业主单位与承包方协调不畅,设计与施工单位各自为政的局面,影响了项目的实施效率,也造成了巨大浪费。因此,高速公路建设必须兼顾经济发展、社会进步和环境效益等多重目标,这也是和谐社会建设的基本要求。在这一背景下,将和谐管理的理论与方法应用到高速公路建设过程中,无疑会更好地保证各方利益，实现和谐共赢的局面。

本书以广东梅河高速公路有限公司负责建设管理的兴畲高速公路为研究对象，深入分析了在兴畲高速公路项目建设的各个阶段，广东梅河高速公路有限公司在征地拆迁、设计施工总承包管理模式、环境保护和项目建设过程中实施和谐管理的具体做法，总结了兴畲高速公路应用和谐管理的效果，探讨了兴畲高速公路项目和谐管理模式的启示意义，为我国其他高速公路建设实施和谐管理提供了参考依据。

编　者

2009 年 5 月 31 日

目　录

第一章　高速公路建设实施“和谐管理”的宏观背景

第一节　我国高速公路建设的成就

高速公路是交通现代化的重要标志，也是国家现代化的重要标志。改革开放30年来，我国高速公路建设经历了从无到有、从起步建设到拥有6.03万公里网络的巨大变化，实现了跨越式发展。

从改革开放初期到1988年，是我国高速公路的起步阶段。为切实改变交通严重滞后局面，1984年国务院第54次常务会议作出“贷款修路，收费还贷”的决定。我国高速公路建设开始起步。

1988年10月，沪嘉（上海—嘉定）高速公路建成通车，这条高速公路全长18.2公里，双向4车道，全路设计行车时速120公里，中央分隔带宽3米，全封闭，全立交，沿线建有大型互通式立交桥3座，设有完整的交通标志、标线和交通监控系统。

1989年我国召开了第一次高等级公路建设现场会，提出了今后建设高等级公路的10条政策措施，成为长期指导我国高速公路建设的政策依据。1992年，我国“五纵七横”国道主干线规划出台，为我国高速公路持续、快速、健康发展提供了指导和保障。1993年，我国又提出了交通运输上新台阶的目标，召开了全国公路建设会议，明确了高速公路建设重点、政策依据、技术标准和投融资方式等，为我国高速公路的大规模建设提供了重要的保障，我国高速公路也从1988年开始进入了快速发展时期。

1990年9月，沈阳至大连高速公路建成通车。沈大高速公路全长375公里，连接沈阳、辽阳、鞍山、营口、大连5个城市，是当时公路建设项目中由我国自行设计、自行施工、规模最大、标准最高的工程，开创了我国建设长距离高速公路的先河，为20世纪90年代大规模的高速公路建设积累了经验。

1993 年,京津塘(北京—天津—塘沽)高速公路建成通车,这是我国第一条经国务院批准利用世界银行贷款进行国际公开招标建成的高速公路。

到 1997 年底,我国高速公路通车里程达到 4 771 公里,10 年间年均增长 477 公里。在高速公路发展的第一个 10 年中,我国相继建成了沈大、京津塘、成渝、济青等一批具有重要意义的高速公路。

1998 年,国家实施了积极的财政政策,提出要加快包括高速公路在内的基础设施建设步伐。同年,全国加快公路建设工作会议召开,对加快高速公路建设做出了新的部署,明确了加快高速公路建设的新目标、任务和措施,高速公路建设进入了跨越式发展阶段。

1999 年,全国高速公路里程突破 1 万公里。2000 年,全国高速公路总里程达到 1. 6 万公里,居世界第三位。京沈、京沪高速公路建成通车,在我国华北、东北、华东之间形成了快速、安全的公路运输通道。2001 年,有“西南动脉”之称的西南公路出海通道——重庆至湛江高速公路经过 10 多年的艰苦建设实现了全线贯通,西南地区从此与大海不再遥远。同年,我国高速公路里程超过加拿大,位居世界第二位。2002 年底,我国高速公路通车里程一举突破 2. 5 万公里,此后一路突飞猛进,在 2004 年、2005 年和 2007 年分别突破 3 万公里、4 万公里和 5 万公里,截止到 2008 年 12 月总里程已达到 6. 03 万公里,列世界第二位,仅次于美国。

1998 年至 2007 年的 10 年,我国高速公路年均通车里程超过 4 900 公里,是前 10 年的 10 倍多。京哈、京沪、京珠、沪昆等一批横贯东西、纵贯南北的高速公路相继建成通车,长江三角洲、珠江三角洲、环渤海等经济发达地区的城际高速公路网络基本形成。目前,除西藏外,各省、自治区和直辖市都已拥有高速公路,全国有 11 个省份高速公路里程超过 2 000 公里。我国用了不到 20 年的时间,走过了许多发达国家需要 30 ~ 40 年才能走完的路,创造了世界瞩目的发展速度。

最初的高速公路设计施工以借鉴发达国家经验为主。随着对高速公路设计施工技术的不断探索和积累,在公路路线 CAD 设计技术、复杂山区公路设计成套技术、特殊地质筑路成套技术、大跨径桥梁和长大隧道的设计施工成套技术等一系列的关键技术实现了突破,建设了一批跨越海湾和长江、黄河的特大跨径桥梁以及长大隧道，使我国桥梁建设水平和山岭隧道修筑技术进入了世界先进行列，并开始注重以人为本、重视节约用地和与环境协调的设计理念，建成了思茅至小勐养高速公路等一批生态示范路。经过不断探索和实践，我国的高速公路设计、施工技术等都已达到或接近世界先进水平，培养了一大批世界一流的高速公路规划、设计、施工、监理等技术人才队伍。

研究表明：里程占公路总里程2%的我国高速公路承担了约20%的行驶量；2005年中国公路客货平均运距55～65公里，而高速公路平均运距达到400～450公里，是普通公路的7～8倍；高速公路比普通公路节约时间50%以上；运输成本降低30%左右，增强了综合运输通道的运力和运量，优化了运输结构，与其他运输方式形成互补和良性竞争，全面提升了综合运输体系的效率和服务质量；高速公路建设每1元投入带来3～4.6元的收益，效益显著；每1亿美元的投资，带来约1万人的就业机会，为我国创造了大量的就业机会；在集约利用土地上，高速公路与普通双车道公路相比，在提供相同的通行能力条件下，其土地占用量仅为双车道公路的50%～66%；高速公路的事故率比普通公路降低40%；汽车废气排放量为双车道公路的1/3～1/2。

2004年12月17日，国务院审议通过了国家高速公路网规划，为我国未来高速公路规划了一个宏伟的蓝图。根据规划，国家高速公路网采用放射线与纵横网格相结合的布局形态，构成由中心城市向外放射以及横连东西、纵贯南北的公路交通大通道，包括7条首都放射线、9条南北纵向线和18条东西横向线，总规模约为85 000公里。这一规划还拉开了我国建立各种运输方式布局合理、结构完善、便捷通畅和安全可靠的现代化综合交通网的帷幕。

国家高速公路网建成之后，我国将在全国范围内形成“首都连接省会、省会彼此相通、连接主要地市、覆盖重要县市”的高速公路网络，它是中国公路网中最高层次的公路通道、综合运输体系的重要组成部分，将承担起区域间、省际间以及大中城市间的快速客货运输，为全社会生产和生活提供安全、舒适、高效、可持续的运输服务，并为应对自然灾害等突发性事件提供快速交通保障。在此基础上，高速公路将在支撑经济发展、推动社会进步、保障国家安全、服务可持续发展等方面发挥重要作用。

第二节　和谐社会之和谐交通

一、"和谐社会"的提出

2005年2月,胡锦涛同志在省部级主要领导干部提高构建社会主义和谐社会能力专题研讨班上的讲话中,明确提出:我们所要建设的社会主义和谐社会,应该是民主法治、公平正义、诚信友爱、充满活力、安定有序、人与自然和谐相处的社会。这对社会主义和谐社会的基本特征和科学内涵的概括和阐释更为准确、全面和深刻。

"民主法治、公平正义、诚信友爱、充满活力、安定有序、人与自然和谐相处",这6个方面、28个字全面而深刻地揭示了社会主义和谐社会的科学内涵和基本特征。这些科学内涵既包括社会关系的和谐,也包括人与自然关系的和谐,体现了民主与法治的统一、公平正义与效率的统一、活力与秩序的统一、发展与稳定的统一、经济政治文化与社会的统一、依法治国与以德治国的统一、人与自然的统一,相互联系,相互作用,共同构成了社会主义和谐社会的基本特征。

从根本上说,构建社会主义和谐社会的重大任务,是我们党主动提出来的。共产党的领导、人民民主专政的国体、人民代表大会制度的政体和以公有制为主体的基本经济制度,为构建社会主义和谐社会奠定了坚实的基础。特别是经过改革开放30年的持续发展,我国综合国力得到提升,人民群众得到实惠,当前我国社会总体上是和谐稳定的。现在明确提出"构建社会主义和谐社会",是要进一步提高我国社会的和谐程度与和谐水平,并不意味着我国的现实社会是不和谐的。对于这一点,我们应该有一个正确的认识。

同时,也要认识到,"构建社会主义和谐社会"任务的明确提出,也还是有其特定的背景的。胡锦涛同志在省部级主要领导干部提高构建社会主义和谐社会能力专题研讨班上的讲话中,明确指出:从国内看,构建社会主义和谐社会,是我们抓住和用好重要战略机遇期、实现全面建设小康社会宏伟目标的必然要求;从国际看,构建社会主义和谐社会,是我们把握复杂多变的国际形势、有力应对来自国际环境的各种挑战和风险的必然要求；从我们党肩负的使命看，构建社会主义和谐社会，是巩固党执政的社会基础、实现党执政的历史任务的必然要求。这“三个必然要求”反映的就是国内、国际和党自身三个方面的背景。我们既可以从胡锦涛同志的讲话中去体会，也可以从社会现实中去观察。

构建社会主义和谐社会，既有重大的理论意义，又有重大的实践意义。我们党明确提出构建社会主义和谐社会的重大任务表明，随着我国经济社会的不断发展，中国特色社会主义事业的总体布局，更加明确地由社会主义经济建设、政治建设、文化建设三位一体发展为社会主义经济建设、政治建设、文化建设、社会建设四位一体。这是我们党对我国改革开放和现代化建设经验的科学总结，既是对中国特色社会主义理论的丰富和发展，也是对马克思主义关于社会主义社会建设理论的继承和创新，反映了我们党对中国特色社会主义事业发展规律的新认识，也反映了我们党对执政规律、执政能力、执政方略、执政方式的新认识，为我们紧紧抓住和用好重要战略机遇期、实现全面建设小康社会的宏伟目标提供了重要的思想指导。这就是其理论意义之所在。

中国共产党自成立以来，一直为建设美好社会进行着坚持不懈的努力，团结和带领全国人民实现了民族独立和社会解放，社会主义建设事业取得了辉煌成就。特别是改革开放以来，我们党在经济建设方面提出了建立社会主义市场经济体制的目标；在政治建设方面提出了依法治国、建立社会主义民主政治的目标；在文化建设方面提出了大力发展社会主义先进文化的目标。在此基础上，党的十六届四中全会把和谐社会建设放到同经济建设、政治建设、文化建设并列的突出位置，它表明我们党更加关注社会建设，更加注重社会和谐、社会公平和社会正义，从而使我们党关于全面建设小康社会、开创中国特色社会主义新局面的奋斗目标，由发展社会主义市场经济、社会主义民主政治和社会主义先进文化三位一体的总体布局，扩展为包括社会主义和谐社会在内的四位一体的总体布局。把“构建和谐社会”作为今后社会主义现代化建设的重要目标，表明中国共产党不仅在理论创新和实践指导上更趋成熟，对什么是社会主义、怎样建设社会主义的问题又有了一次新的理论升华，而且对于加强党的执政能力建设、开创社会主义现代化建设新局面具有十分重大的现实指导意义。

二、交通部[1]“和谐交通”的总体要求

社会主义和谐社会是完整的、全面的,局部的、层面的、环节的和谐,是整个和谐社会的组成部分。前交通部部长张春贤在有关会议上明确提出了构建和谐交通的要求:要以科学发展观为统领,认真研究构建社会主义和谐社会对交通发展的新要求,努力构建和谐交通,不断促进公路、水路交通事业的全面协调可持续发展。

加快构建和谐交通,必须以科学发展观为指导,紧密联系行业实际,明确思路,抓住关键,突出重点,全力推进,促进交通事业更快更好发展。

构建和谐交通,必须坚持以人为本,充分调动各方面的积极性,实现各尽其能,各得其所,而又和谐相处。一是深化内部体制改革,激发交通队伍活力。二是推进民主管理,实施政务公开。要认真坚持民主集中制原则,重大事项决策前要广泛征求各方面的意见和建议,科学决策,民主决策,不断提高广大干部职工的主人翁意识和参与管理的自觉性。三是关心职工生活,解决实际问题。要充分发挥工会、共青团、妇联等群团组织的桥梁和纽带作用,最大限度地为他们解决在子女升学、福利待遇、下岗再就业、住房困难、医疗保险等工作和生活方面遇到的实际问题。四是加强教育培训,提高人员素质。要以提高政治素质、业务技能和文化素养为目标,使他们树立正确的人生观,做到遵纪守法、明礼诚信、爱岗敬业、乐于奉献,唱响树正气、讲团结、求发展的主旋律,建一流班子,带一流队伍,创一流业绩。

构建和谐交通必须把发展作为第一要务,实现交通事业的更快更好发展。和谐社会是建立在坚实的物质基础之上的,构建社会主义和谐社会,从根本上讲,决定于经济发展的总体进程。我们应该把着力点放在发展经济上,不断满足人民群众日益增长的物质文化的需要。交通是国民经济的基础产业,在经济建设中有着十分重要的地位和作用。俗话说,公路通,百业兴。因此,交通部门必须把加快发展作为主旋律,始终坚持发展是硬道理的战略思想,保持经济持续、快速、协调、健康发展,创造更丰富的社会物质财富,不断提高人民群众的生活水平,才能为构建和谐交通、和谐社会提供保障。一是立足于“快”。保持交通建

[1]交通部现已更名为交通运输部。

设在高平台、高水平上快速发展，实现由粗放型向集约型转变，由适应型向超前型转变，由管理型向服务型转变。二是服从于“好”。以科学发展观统领全局，切实降低生产成本，节约资源，保护环境，统筹发展，实现速度、质量和效益的高度统一，最大限度地发挥综合服务功能。三是着眼于“新”。要把创新发展贯穿于交通建设的全过程，用新思路、新办法、新机制、新举措，来解决工作中遇到的新困难、新问题，不断取得新突破、新成绩。四是致力于“本”。坚持以人为本，大力实施科教兴交战略，不断提高交通队伍的整体素质和业务技能，努力实现人与人之间、人与社会之间、人与自然之间的和谐相处。

构建和谐交通，必须把物质文明建设和政治文明建设、精神文明建设有机结合起来，实现交通事业的全面协调发展。一是抓实先进性教育活动。要以当前正在开展的保持共产党员先进性教育活动为主线，切实加强党的组织建设和党员队伍建设，充分发挥党组织的战斗堡垒作用和党员的先锋模范作用，把党的先进性体现在本职岗位上，落实到具体的行动中。二是以多种形式的创建活动为载体，树立良好行业形象。交通部门点多、线长、面广，是直接与广大人民群众接触的“窗口”单位，是社会各界关注的焦点行业。为树立良好行业形象，必须深入开展以做文明职工、建文明机关、树文明形象、创文明行业为主题和创建学习型队伍、学习型机关，争做学习型职工为内容的一系列创建活动，以丰富多彩、形式多样的活动载体来加强交通行风建设，改进工作作风，提高工作效率，完善管理措施，提高服务水平。三是大力弘扬行业精神，浓厚交通文化氛围。牢固树立“爱我交通，我为交通作贡献”的工作理念，通过培育先进的交通文化来为建设和谐交通提供坚实的思想基础、强大的精神动力、良好的舆论环境。

构建和谐交通，实现交通又快又好发展是一项长期的历史任务。“十一五”是关键时期，要重点抓好以下几个方面的工作。

一要抓住战略机遇期，继续加快交通发展步伐。加快公路、水路交通基础设施建设，特别要加大高速公路、农村公路、西部地区经济干线、长江黄金水道的建设，重点解决交通建设中的用地和资金问题，尤其要客观认识和有效解决高速公路建设的土地征用和农村公路建养中的资金保障问题，为构建和谐交通行业奠定更加坚实的物质基础。

二要进一步加大改革力度，深化体制改革。深入研究交通基础设施国有资产管理、收费公路管理、公路和航道养护管理、港口管理、城乡交通一体化管理、城市出租车管理、治超长效机制等方面存在的突出问题,逐步理顺各级政府、管理部门、经营主体的责、权、利关系,充分调动各方积极性,挖掘潜力,使交通管理体制更加适应构建和谐交通行业的要求。

三要积极有效解决人民群众关心的突出问题。牢固树立、真正落实和充分体现以人为本理念,深入基层和实际,加强矛盾纠纷的排查,及时发现可能发生的各种问题,及时采取有效措施妥善解决。

四要大力加强政府交通主管部门的行政能力建设。重点是要提高各级交通部门的行业管理能力和社会服务能力,重点解决农村公路通达和畅通问题,要着力提高交通安全管理和重大突发事件应急处置的能力,建设让公众满意的服务型政府部门。

五要大力推进交通行业特色文化建设。交通行业文化建设是构建和谐交通行业的重要保障。构建和谐交通行业要以行业特色文化建设为载体,在交通行业充分履行发展现代交通、促进民富国强的行业使命,牢固树立质量为先、服务至上的行业价值观,大力弘扬爱岗敬业、求真务实、创新进取、团结协作、廉洁自律的行业精神。要提炼交通文化精粹,打造交通文化品牌,运用文化的力量促进交通事业又快又好地发展。

六要处理好四个关系。构建和谐交通行业,要始终以科学发展观为指导,按照构建和谐社会的总体要求,深入思考和认识社会需要一个什么样的交通系统,民众需要什么样的运输服务,政府需要承担什么样的社会责任等重大问题,切实处理好以下几个方面的关系。

一是构建交通行业与社会公众的和谐关系。把交通发展的目标与增进人民群众的切身利益紧密结合,把交通发展的任务与提高人民群众的生活水平紧密结合,把交通工作的重点与解决社会关注的焦点问题紧密结合。通过提供让社会公众满意的服务,取得社会各界对交通发展的认同和支持;通过信息公开和政务公开,提高社会各界对交通发展的知情度和参与度;通过树立和巩固亲民、负责、为民、务实的行业形象,不断增强交通行业对社会各界的亲和力和影响力。

二是构建交通行业与外部行业的和谐关系。交通发展需要规划、财政、税务、国土资源、水利和环保等多个部门及地方政府的理解、支持与配合。因此,交通主管部门要主动加强与其他相关部门的沟通与联系,通过建立有效的协作对话机制,营造相互理解、相互信任、相互支持的和谐氛围,形成有利于交通发展的外部环境和推动力,努力减轻和克服交通发展过程中可能出现的摩擦和阻力,共同促进交通运输的全面协调可持续发展。

三是构建交通行业内部的和谐关系。目前,交通政策的制定主要在中央交通主管部门,但具体执行主要依靠各级地方交通主管部门。所以要统一认识,正确处理整体与局部、长远与当前的利益关系。要通过体制、机制和文化创新,激发各级交通部门和从业者的积极性、主动性和创造性,形成行业内部心往一处想、力往一处使的和谐局面,增强全行业的凝聚力和战斗力。

四是构建交通运输与自然的和谐关系。交通行业要按照科学发展观的要求,转变交通运输的增长方式,要将"人与自然和谐"的理念贯穿到交通发展的各个环节,采用管理、技术、工程等多种手段,有效利用自然资源,减少污染物排放,实现交通发展由影响环境到改善环境的转变,努力做到与自然条件、与生态环境、与人文景观的和谐统一。

交通行业要实现又快又好的发展目标,必须构建更加和谐的行业发展环境,进一步增强行业凝聚力、提高干部职工素质,建设和谐机关和和谐行业。因此,交通行业广大干部职工要进一步增强建设和谐行业的责任感、使命感和紧迫感,以更加昂扬的姿态、更加符合时代要求的创新精神,更加富有成效的工作,推进交通事业又快又好地发展,在发展中求和谐,在和谐中求发展。

第三节　高速公路建设的"和谐管理"

随着国家提出建设社会主义和谐社会以来,和谐成为大家深刻探讨的一个问题,其内容包括很多,既包括法制与民主、社会分配与贫富差距、发展与环保等硬性的问题,也包括社会发展动力、民族文化传承、社会道德与信仰等软性的问题。很多企业也开始引入"和谐"的发展理论。"和谐管理"就是围绕和谐主题,利用"和"的手段和"谐"的手段,提供解决方案的实践活动。"和谐管理"使我们用另一种新的管理思维去管理企业,创造最大的经济效益。

高速公路作为社会交通基础设施，因其特殊的社会公益性质，在构建和谐社会、和谐交通、和谐管理方面发挥重要作用，一方面深入推进和拉动经济社会全面协调可持续发展；另一方面积极创造和传播社会主义精神文明，高速公路事业的跨越进步让社会公众充分普遍享受到发展带来的实惠。构建全面协调和可持续发展的高速公路建设管理的核心，在于始终贯彻落实科学发展观念，坚持以人为本理念，深入推进高速公路建设行业和谐发展、科学发展、率先发展。

一、“和谐管理”理论

（一）概要

人的有限理性、自利、多元化的个性及其在管理中的主导地位和行为，一直受到包括复杂人假设、人本管理在内的管理理论的关注。有关这方面的研究，已成为越来越多管理学著述的主要论题。如 ERP 在增加人力资源管理模块后，才使得系统功能扩展到了全方位组织管理的范畴。如何把人力特殊的资源与组织其他要素有机组合起来，做到人尽其才，物尽其用，发挥系统效应，直到现在仍是未很好解决的问题。和谐作为一种哲学理念和社会追求，用以指导企业活动，就产生和形成了和谐管理。它包括：人的身心和谐——人自身的形体与精神的和谐，人际和谐——企业内部人与人之间相互关系的和谐，群己和谐——企业与企业、企业与社会之间相互关系的和谐，天人和谐——人与自然之间相互关系的和谐。

和谐管理理论将组织系统视为基于规则和单元自治的整体，其理论核心是面对复杂管理问题或系统，在对可以优化（相对物化）的内容科学地设计的基础上，充分调动和利用各子系统成员的积极性和能动性，系统整体重在创造机会、条件和一种促进各子系统能量释放和协同发展的环境，通过每个子系统的发展和协同作用来实现系统整体的目标。

在理论构架方面，和谐管理理论运用系统观，围绕组织演进前后和谐态的对照比较，分析导致组织出现无序及不协调的负效应的构成成分，并针对之提出组织发展“两轨两场”的和谐控制机制，进而建立起 HAUEC（Harmony, Adaptability, Unity, Effectiveness, Coordination）五级嵌套优化模型，同时设立和谐预警系统作为保证和监控系统和谐演进的重要手段。

（二）特点

（1）在理论体系的建构上体现了古今贯通、中西结合及文理互补。和谐管理理论不仅关注现代管理活动的特点和发展趋势，同时也吸收了中国古代管理思想的精华；既借鉴了西方先进的管理科学，也注意反映中国国情和民族文化传统；另外，还注意到自然科学规律研究结果对管理研究的启发和借鉴，以及组织管理活动的人文特色，并力求两者的有机整合。

（2）和谐管理理论的功能不仅注重回答为什么、是什么，更注重回答怎么样。许多组织管理理论，由于其关注研究对象的特质，所以适用于对组织基本特性的深入认识，但它们对于深层次上如何操作以达到目标方面论述不多，好像那些问题是留给“管理艺术”解决的。例如，基于资源的战略管理理论，的确拓展了我们对组织特性的认识，然而组织资源要素如何相配合以形成核心能力，却仍然是一个悬而未决的问题。相对而言，和谐管理理论不仅关注和谐管理思想及其具体的理论描述，更关注组织管理目标的实现，它从组织发展目标入手，注重追求最有效地发挥组织系统整体功能及组织向和谐态的演化过程的调控。

（3）在研究哲学上强调“总体论”和不断追求“完善（即和谐态）”。和谐管理理论研究避开了传统上把组织分割成几块的功能研究法，而采用“要素—组织—内环境—外环境—总体”这样一个“总体论”的研究哲学，既见树木，又见森林。另外，打破了传统的管理“适度论”或“理性论”，提倡发展过程中不断追求“完善”，明确了管理科学和艺术两个方面在管理过程中各自的地位和作用及其如何互补问题。

（4）在研究对象上除强调总体论外，特别重视组织系统中人的因素及未来社会管理中人力资源管理的特殊性和特别地位。和谐管理理论着眼于在实现组织总体和谐的过程中，人的主体作用及调控机制的分析和设计。另外，为防止认知偏差和发挥人的能动性，和谐管理理论还强调“引导”和“控制”机制的建立，在适当的结构环境中，人便可以通过组织与其他人产生微观模糊的调整以弥补契约不完备所遗留的空缺。

二、企业“和谐管理”

管理中贯彻什么样的理念，天长日久，就会形成什么样的管理模式，企业未来生存习惯就是这种模式的具体反映。企业核心生存力是企业生存与发展的原点，对外，通过企业软实力的影响和渗透拓展企业生存空间，对内，通过企业软实力的凝聚和吸引赢得企业生存空间，内外归一，便创造了企业未来生存的无限时间。这是“和谐管理”的根本之道。

（一）和谐企业

在当前市场竞争日趋激烈的严峻形势面前，企业必须以生产经营为中心，凝心聚力抓生产，一心一意谋发展，把企业做大做强，这是企业的第一要务，是全体员工长远根本利益之所在，也是迈向“构建和谐企业”的第一步。因为只有企业发展了，员工才能富裕，才能谈得上企业的和谐。和谐社会以一定的经济发展水平和物质财富的积累为基础，但富裕不等于和谐，和谐社会还应建立在微观层面上，也就是说要在人与人、人自身内在关系上创造更加和谐的文化，包括创新精神的弘扬、人性化的进一步提倡和真善美的追求。

实施和谐管理，首先要在目标设计和制度设计中加进去更多的人文关怀和平等思想。著名经济学家萧灼基提出构建和谐社会要调整五大关系，其中的“变重资本要素贡献为重劳动要素贡献”对构建和谐企业有着重要的指导意义。利益和谐是最大的和谐，要通过制度规范企业与员工的利益，通过公平的制度动员一切力量参与企业发展，根据不同的创造价值给予公平合理的回报、公正透明的奖惩。同时还要建立顺畅的民意沟通机制、有效的矛盾调处机制、完善的监督机制和严格的责任追究机制，让企业、管理者、员工三者之间结成牢不可破的利益共同体，风雨同舟，和衷共济。

实施和谐管理，其次要重视人力资源的开发和管理，为每一位员工创造更多公平竞争的学习、发展机会。只有鼓励学习、鼓励创新、鼓励上进，员工素质才能得以不断提高。如培训规模需逐渐扩大，培训质量要不断提高，培训级次要逐步提升，培训费用适当增加等。要建立健全人尽其才、才尽其用的选人、用人、育人、留人，让各类人才脱颖而出的机制，营造能干事、干成事的氛围，为员工成长提供发展空间和机制保障，做到岗位能上能下、员工能进能出。职业生涯规划是人与组织和谐发展的重要连接点，要尝试通过对员工的职业生涯进行规划，实现职工个人的能力提升和职业发展。在管理岗位有限的情况下，要为特别优秀、业绩突出的业务骨干开辟业务通道，将其聘为专家，畅通员工的职业发展通道。

实施和谐管理,还必须搞好企业文化建设,形成特有的企业精神和发展理念。一个企业的持续、稳定发展必然离不开企业文化的熏陶,企业要通过营造良好的企业文化氛围,为构建“和谐企业”提供精神支撑。要通过企业文化的建设,向员工展现企业的发展前景,促进员工统一价值观和正确行为规范的形成。要坚持以人为本,以员工根本利益为出发点,关心人、尊重人、理解人、爱护人,充分调动全体员工的积极性、主动性和创造性,使广大职工在为企业创造更多效益的同时,自已也能享受丰收的成果。

实施和谐管理,更要在企业与职工之间树立同呼吸共命运的思想意识。要营造和睦平等、稳定有序的氛围,建立风险共担、利益共享的同盟关系,形成共同目标和“双赢理念”的共识。同时也要进一步加强对职工群众的形势任务教育,使之充分认识到面临的严峻挑战,以进一步增强大局意识、责任意识和危机意识,正确对待改革过程中的利益调整,继续发扬爱岗敬业、勇于奉献的主人翁精神。要在企业内部大力营造尊重劳动、尊重知识、尊重人才、尊重创造的氛围,使一切有利于企业进步的创造愿望得到尊重,创造活动得到支持,创造力才能得到发挥,创造成果得到肯定,从而使企业各方面的活力竞相迸发,有限资源发挥最大效益。

(二)和谐管理的哲学思考

提倡和谐,可以增强组织的责任感和使命感,提升企业氛围,但绝不是形成企业内部的一团和气,回避矛盾,这样反而违背了“和谐管理”的真正内涵。企业管理者,要做到和谐管理,就必然要月哲学的思想对企业管理中的矛盾进行系统思考。要建立和谐管理,必然要处理好企业管理中的五大矛盾。

1. 物质与精神矛盾

从唯物主义的角度出发,必然是物质决定意识的,春秋时期法家思想的代表人物管子说:“仓廪实则知礼节,衣食足则知荣辱。”这是对物质与精神关系的精确表述。为什么很多企业的企业文化工作不见成效,关键是没有解决经济基础与上层建筑的哲学命题。企业一提到企业文化或者精神文明建设,想到的方法就是依靠宣传教育,然后希望员工能够形成团结、创新的局面,这是不现实的。西方经济学建立的基础是"人都是理性的,人都追求利益最大化",所以西方社会毫不回避个人的贡献以及对个人的物质回报。中国文化的主流是"君子不言利",道德高于利益,但在当今社会弱肉强食的生存竞争面前,显得不堪一击。当然,就中国文化的现实而言,只谈物质性和只谈道德性都是偏颇的,我们需要的是在不回避人的利益驱动条件下,如何有效地激发人的精神驱动,或者是说让两者如何配合,更好地发挥人的动力。

高明的企业,是必然要明白物质与精神的辩证关系的,做企业文化建设,一定不能忽略员工的物质和利益需求,一定要设计公平合理的绩效考核制度和激励机制,让员工工作安心、放心;但另外一方面,也一定不能忽略员工的精神需求,完全的利益导向会让企业和员工都成为赚钱机器,凝聚力很低,所以企业和领导要能够关心下属的生活和工作,经常鼓舞、鼓励和帮助下属,让员工工作得舒心、快乐。

2. 务实与理想矛盾

企业要务实,要追求利润,松下幸之助说:"不赚钱的企业就是犯罪。"因为不赚钱的企业何谈服务社会、何谈为员工提供机会?但是追逐利润的企业,往往会陷入"唯利是图"的境地。几年前安然、安达信、世通公司的丑闻,都是这种价值观导向下的结果。企业既然是赚钱的组织,评价职业经理人最重要的指标也必然是增长率和利润水平,那么,企业的很多社会责任感、使命感就很难真正地建立企业。微软的推广教育已经推广到小学、中学,但是这里面有多少是公益的成分?恐怕主要还是考虑建立公司的品牌,为公司的长远利益考虑。以前的国有企业是甘于奉献的,领导者喜欢交税以换取"政绩",但这样的务虚又必然导致企业失去长远发展能力和竞争能力。

崇高、远大的理想,这些好像不是企业的追求,因为环境变化这么快,竞争这么激烈,很多企业都认为能够生存下来就已经是一种成功,所以疏于对公司愿景的制订。但是如果细细思考一下,究竟一个人的成功靠什么,就会明白理想和愿景对于一个企业的重要作用。一个人的成功,光有能力、勤奋好学还是不够的,如果缺乏远大的理想和抱负,往往会失去持续的精神动力,不管是对于个人还是社会来说,都是不好的。

3. 经验与创新矛盾

没有经验就不会有创新,但由于经验又会阻碍创新,所以经验与创新是企业管理的一对矛盾。经验一旦形成，就会推广成为一种模式，但一旦成为一种模式，又不可能去复制成功。所以这就是一对矛盾，从学习鞍钢、海尔，没有一家企业能够依靠这种模式成功，最后大家得出一个结论，真正的成功必须依靠不断地创新。

经济学家提出了后进优势，落后国家的优势就是学习优势，可以学习发达国家的经验，避免走他们的弯路、错路，从而赶超这些国家。如果按照这样的思维，那么落后国家就都可以赶上发达国家了，落后企业都可以赶上先进企业了，其实这样的学习优势是有限的，缺乏自主研发体系的支持，这样的学习不过是模仿而已，不能真正形成自己的竞争优势，只能被动地紧跟别人，看别人眼色。日本经济的崛起，在于其学习和借鉴能力，虽然研发水平不强，但是应用能力很强，SONY 等日本公司依靠强有力的制造水平和成本控制能力，成为国际化企业；但日本企业的自主创新能力和对产业发展的趋势显然比不上美国企业，再加上制造业向成本更低的中国和东南亚国家转移，所以日本企业的竞争力受到强有力的挑战，发展后劲不足，经历了长达十年的经济衰退。

企业要实现和谐管理，必然需要注意经验与创新的有机结合，一方面要注重学习别人的先进经验；但更重要的是，必须要有自己的创新体系，否则不可能拥有持续的竞争力。

4. 文化与制度矛盾

企业文化的核心目的是要为企业建立自己的做人做事准则，而制度则是硬性的。从历史发展的角度来看，历史上任何一个强盛的民族，必然是建立在严厉的制度之上的。秦王朝历经两代君王，依靠法家思想，建立了强大的军队，从而统一了六国；汉代景帝和武帝，有人说他们是穷兵黩武，但历经几十年的战争，终于彻底打败了匈奴，从而中国北方几百年没有了强敌，维护了国家的统一。现代的美国、德国这些国家，无一不是建立在严格的法制基础之上。

但再健全的法制如果忽略了文化、道德、信仰这些软性的约束，一样不能发挥巨大的作用。如果单从法律的条文来看，很多国家、包括中国的法律制度不能说不健全，但关键是有法不依、有法不严、人治大于法治的情况普遍存在，所以使法制的权威大打折扣。一个企业也是这样，制度往往并没有本质的差异，但关键是执行起来就走了样，这里的执行问题说到底还是一个公司的文化问题，也就是员工的凝聚力和企业精神问题，如果一个企业的员工与企业只是一种契约关系，那何谈与企业同呼吸、共命运，所谓的凝聚力也成了一种空话。秦王朝很强大，但是建国仅仅十五年就灭亡了；汉武帝成就了不朽功业，但也耗尽了大汉的元气；总的来说，严格的法律和制度只能让一个国家保持一时的强盛，只有先进的文化和心理的归属才能成就一个持续的文明。美国很强盛，但其盛气凌人的做法必然遭到打击，“9·11”就是证明，而且如果美国社会不能深刻反思这里面的文化冲突，而一味地打压别的民族，那可能还会遭到类似的报复，并且不可能成为世界的“老大”；日本经济虽强，但文化狭隘，因此不能得到广大亚洲国家的认同，注定无法成为亚洲的领袖；同样的，中国企业要想走向世界，必须拥有自己独特的企业文化和管理模式，没有自己的民族精神和企业精神不可能真正地实现国际化。

注重亲情的文化，与注重业绩的企业本性其实并不矛盾，但这要求管理者具备优秀的领导技能，儒家思想讲求尊重人、发展人，“己所不欲、勿施于人”，这些都是很好地融合企业与员工关系的方法。制度与文化，必须相得益彰，才能发挥最大效能。

5. 效率与公平矛盾

企业要追求效率，员工更关注公平，这也是一对矛盾。有人说，企业希望员工是雷锋，多奉献，少索取；员工希望企业是慈善家，多给予，少要求。这两种观点显然都是不对的，但不少企业和员工的确都有这样的错误心态。

企业要生存，必然要有利润，因此必须要有效率，速度要快，成本要降低，所以希望员工都好好干，工资要求不要太高；员工要养家糊口，要追求个人发展和价值实现，因此希望企业能给予自己更多的培训和机会，薪水能够增加，福利能够增强。这是一对矛盾，处理好了，不会引起双方的不满，处理得不好，就容易打击员工的积极性，从而削弱企业的竞争力。

企业做大了，必然产生不公平性，因为每个员工的需求不一样，考核和薪酬制度也不可能让每个人都满意。不存在绝对的公平，不公平是绝对的，所以一定要让员工明白这个道理。但是作为企业管理者，要做的是尽量倾听大家的心声，降低这种不满意和不公平感，否则容易引起员工的消极情绪。

企业要做到和谐管理,就必然要深刻思索这五大矛盾,切实地解决员工物质需求、调整员工心态、畅通沟通渠道;否则,和谐管理不过是一句空话而已。

三、高速公路建设“和谐管理”的要求

(一)准确理解“和谐交通”的基本内涵和特征

前交通部张春贤部长对和谐交通的基本内涵做了精辟的概述,即:和谐交通,就是能够适应构建社会主义和谐社会要求的交通,能使广大人民群众的交通需求得到满足的交通,能让广大人民群众对运输服务感到满意的交通;具体地讲,和谐交通对交通行业内部层面来讲,就是充满活力、法治有序、各尽其能的交通;就交通行业外部与其他行业、社会公众层面来讲,就是公平共享、便捷高效、安全可靠的交通;就交通行业与自然、环境层面来讲,就是节约资源、保护环境、关爱自然的交通。因为高速公路是社会大交通的子行业,所以说这样的基本内涵的表述,同样适用于和谐高速公路建设。

对高速公路建设而言,“充满活力、法治有序、各尽其能”,必须通过体制创新、机制创新等途径,始终坚持以人为本,增强全行业的凝聚力和战斗力;通过法律法规的贯彻执行,使所有高速公路建设参与者遵纪守法,保证高速公路建设顺利完成。“公平共享、便捷高效、安全可靠”,通过提供让社会公众满意的服务,使各个群体都能充分享受到交通发展与改革的丰硕成果,取得社会各界对交通发展的认同和支持,保障货畅其流、人便于行;通过加强安全监管,提高高速公路建设的安全使用性能,切实减少交通伤亡,增进公众安全感。“节约资源、保护环境、关爱自然”,要求我们正确处理好交通建设与土地资源紧缺的矛盾,合理利用土地资源,尤其是保护好耕地资源;正确处理好交通建设、运输与保护生态环境问题,牢固树立人与自然和谐相处的观念,防止掠夺自然和破坏自然。

(二)重视以人为本加强高速公路文化建设

胡锦涛总书记在十六届四中全会中指出:“坚持以人为本,就是要以实现人的全面发展为目标。”坚持以人为本是科学发展观的本质和核心,是科学发展观的主要内涵,也是实现社会和谐的决定因素。坚持以人为本,建设和谐文化贯穿于高速公路建设管理工作中,以发展促进和

谐，以创新推动和谐，以公正求得和谐，以稳定保证和谐，以文化孕育和谐，着力打造和谐高速公路建设，实现了满足职工精神文化需要，促进职工的全面发展和提高高速公路建设经济、社会效益的“双赢”。

(1)加强机制建设，构建和谐的法制环境。构建和谐高速离不开法治，也离不开各项规章制度，一个制度不健全的单位就不会实现和谐。要坚持把制度建设、制度创新贯穿于科学发展的全过程，建立健全科学的制度体系，用制度来规范和调节各种关系，形成有效的构建和谐的工作机制。在内部管理上，对员工可以推广本行业的管理理念、行为理念、规章制度、员工手册等，规范职工行为，培养良好的职业习惯，树立积极向上的创业氛围、创新动力、创造活力，积极营造和谐有序的管理环境。在外部管理上，要严格规范执行国家有关高速公路建设的法律法规，加强监管，保证质量，为我国高速公路事业发展提供物质保障。

(2)加强民主管理，构建和谐的人文环境。在构建和谐高速的过程中，要充分重视党组织的领导协调作用，坚持抓党建促和谐，全面履行领导、监督、维护、参与、建设、教育的六项职能。充分发挥工会、妇联、共青团和职代会等群团组织的纽带和推进作用、倡导和组织作用以及沟通和协商作用，不断充实和丰富内容，逐步建立形成民主决策、民主管理、民主监督的基本制度，充分代表和体现广大职工主人翁的地位。同时，还要积极建立正确的人际关系舆论导向，强调团结合作的重要性，敦促每个员工为建立起一个融洽、和谐、向上的人际关系而努力，形成一个“能干事、想干事、干成事”的创业氛围。

(3)加强安全生产，构建和谐的安全环境。高速公路的安全与否，是高速公路作为社会公共产品质量好坏的重要判断依据，也是考量社会和谐的重要指标。加强安全生产，构建和谐的安全环境，对内要始终坚持以人为本和从严管理的原则，坚定不移地把确保人身安全、防止人身伤害事故放在安全工作的首位，落实安全生产职业卫生防护措施，改善劳动安全设施和劳动保护条件，切实维护员工的健康权益；对外清除道路病害，提高管养水平，为社会公众提供安全、便捷、舒适的道路出行环境。

(4)加强队伍建设，构建和谐的人才环境。单位的发展首先是人的全面发展，构建和谐高速建设的重要内容就是坚持以人为本，努力实现职工的自身价值，全面提高职工的综合素质。积极推行“人尽其才、才尽其用、酬显其绩”的人才观，全面贯彻“尊重劳动、尊重知识、尊重人才、尊重创造”的方针，积极打造“学习型”高速公路运营单位，为人才的成长提供健康和谐的环境，努力形成人心思进、团结和谐、共促发展的良好氛围。

(5)加强文明创建，构建和谐的精神环境。作为高速公路建设企业来讲，不但要担当创造社会主义物质文明，还要担当传播社会主义精神文明的公益使命。要以精神文明创建为载体，加大文明单位的创建力度，不断提高职工道德素质和文明程度，提升文明和谐的企业形象。要全面启动以提高管理水平，增强核心竞争力为主要内容的创建文明窗口企业活动，促进“优美环境、优质服务、优秀员工、优良业绩”的全面提升，从而实现“一流的公路、一流的管理、一流的队伍、一流的业绩”的管理目标。加强企业多元文化建设，夯实构筑和谐高速公路的思想基础，提炼企业精神，创新管理理念，弘扬独具特色、深入人心的企业文化。全方位拓展企业文化理念，使文化理念展示在环境中，渗透在制度里，体现在领导者的管理思路中，融汇在职工的思想行为上，聚焦在文化楷模的形象上，切实加强了全体职工的职业道德建设，强化了全员文明养成教育，全力打造新机制、新水平、新形象、新发展的和谐高速公路，也为和谐高速公路的构建提供强大的思想基础和智力支持。

(6)加强作风建设，构建和谐的工作环境。对高速公路建设单位的领导层而言，要大力倡导“政治坚定、业务精通、求真务实、团结协调”的工作理念，对员工而言，则要形成“爱岗敬业、业务熟练、奋发向上”的工作氛围。要按照立党为公、执政为民的要求，采取切实有效的措施，扎实推进作风建设，加强领导班子执政能力、发展能力、引导能力、协调能力建设，发扬求真务实的作风，深入一线开展工作。构建一个政令畅通、运转协调、科学有序的工作机制，使单位各项工作出现蓬勃生机，让社会满意，让各级领导满意，这是构建和谐管理机关的一个很重要的内容。创造良好、和谐、融洽的人际关系，建设高速公路事业管理与进步发展的内外部环境，为建设和谐高速公路的管理环境提供坚实保障。

(三)创新发挥思想政治工作的生命线作用

思想政治工作方法手段不是随意制定的，不是人们主观想象的产物，它必须与一定的教育任务、教育内容、教育客体和教育环境相适应。

我们要结合构建和谐高速的实际，充实有利于和谐社会建设的方法手段。

(1)坚持用科学发展观统领构建和谐高速的思想政治工作。建设和谐高速建设管理环境是坚持科学发展观的重要举措和必然要求。因此，在建设和谐高速的过程中，必须坚持科学发展观的统领作用，加强职工思想教育工作。要在着力推进经济健康快速持续发展的同时，更加重视企业政治文明、精神文明和和谐社会建设，更加重视促进人的全面发展，努力提高新形势下正确处理人民内部矛盾的能力。要对高速公路运营企业的属性、责任和任务，重新进行认识和定位；对员工在高速公路中的地位、作用、价值以及如何全面发展，重新进行评价和安排，着力推进企业体制、机制、制度和政策的创新，坚决摒弃那些过时的理念和做法，推动高速公路运营管理企业走上以人为本，科学发展和和谐发展之路。

(2)坚持研究宣传和谐发展理论作为思想政治工作的重要内容。党的十六届五中全会明确指出“用科学发展观统领经济社会发展”，和谐社会、和谐发展、和谐理论已经成为今后一段时期的思想政治工作的主旋律，要把和谐发展理论的研究、宣传作为重要任务。在当前构建和谐高速的征程中，思想政治工作要加强马克思列宁主义、毛泽东思想、邓小平理论和“三个代表”重要思想关于社会主义社会建设理论的研究，并用来指导我们构建和谐高速的各项工作。通过深入系统的理论研究、国内外的和谐比较理论研究，深化对构建社会主义和谐社会的规律性认识，推动和引领和谐高速公路的理论建设、思想建设，乃至职工文化建设。

(3)坚持将实现人的发展作为思想政治工作的出发点和归宿。突出以人为本的发展理念，强调让人民群众共享改革发展的成果，是十六届五中全会一个引人注目的亮点。作为高速公路企业来讲，坚持以人为本，以实现好、维护好、发展好广大职工群众的根本利益为出发点和落脚点，执行公平合理、效率优先的薪酬分配机制，公正公平、能者为贤的选拔任用机制，受益普及、多层次、多方位的职工培训机制，保证职工切身利益不受损害。要把对职工素质的培养、提高和完善，作为企业的一项战略任务来对待，多措并举，全面推进，实现由“传统人”向“现代人”的转变，促进人的全面发展，充分的迸发和释放员工的聪明才智和潜能。

(4)坚持用思想政治工作激发员工投身和谐高速建设的实践。构建和谐高速公路建设管理,是构建和谐社会的重要组成。思想政治工作要充分发挥为构建和谐社会提供精神动力的作用。一是要加大宣传力度,使大家充分认识到,高速公路作为国民经济发展的先导产业,在构建社会主义和谐社会过程中所担当的“牵引力”和“助推器”作用,构建和谐高速公路建设管理关系到经济社会全面、协调和可持续发展的总体质量,从而以更加积极的姿态和饱满的热情为构建和谐社会作出贡献。二是要发挥典型示范作用,引导各级党组织、党员干部把构建和谐社会当作是自己的重要职责,努力维护和实现社会公平,带头成为民主的表率、法治的表率、善治的表率、宽容的表率、诚信的表率、合作的表率。三是发挥沟通融合功能,树立以和为贵、以和为美、以和为善、以和为真的和谐思想,自觉调整人际关系交往中的消极心理和情感,形成积极、健康的性格和心态,从而发挥社会和谐理念在建设和谐高速中的规范约束和沟通融合的功能。

(5)坚持高速公路建设发展与社会和自然的和谐相处。在交通建设项目立项和可行性研究阶段,本着尽量减少占用耕地、尽量避让基本农田的原则,合理确定建设规模和技术标准,合理确定路线走向和主要控制点,达到满足公路功能要求与减少建设用地的合理统一;在工程设计阶段,要创新设计理念,优化设计方案,提高设计水平,优先选择能够最大限度节约土地、保护耕地的方案,充分利用荒山、荒坡地、废弃地、劣质地进行建设;在工程实施阶段,要统筹考虑工程建设用地问题,尽可能利用荒坡、废弃地作为施工场地;对公路建设中废弃的旧路尽可能造地复垦,不能复垦的尽量绿化,避免闲置浪费。正确处理好自身利益与社会利益、发展经济与保护自然环境之间的关系,不与社会争利,不与群众争利,不与自然争利。要少取之,多予之。要取之有道,取之有情,取之有责,积极参与社会公益和自然环保事业,不污染破坏环境,十分珍惜和有效利用资源,走循环经济发展之路,为社会创造绿色财富和健康财富,为构建和谐高速公路创造良好的外部环境。

和谐是美的一种形态,和谐可以凝聚人心,和谐可以团结力量,和谐可以成就一番事业。构建和谐高速公路建设管理,必须坚持以科学发展观念为统领，才能全面提高道路服务品质，增强为经济社会发展的服务能力，为社会公众提供良好的道路服务水平。但构建和谐高速公路建设管理是一项长期的系统工程，构建和谐美好态势依然任重而道远，需要每一个高速公路建设者坚持不懈地去努力，去追求，为实现和谐社会贡献力量。

第二章　和谐管理的理论基础

第一节　和谐管理的起源

一、和谐管理理论的提出

和谐管理理论是由西安交通大学席酉民教授于 1987 年提出的管理理论。这一理论提出之后,受到了理论界的普遍关注。随着人类社会生产合作的不断加强,人与人之间关系的重大变化,尤其是知识经济时代的到来,人力资本在整个社会财富的创造中发挥出日益重要的作用。人作为创造财富的主体,在世界经济区域化和一体化的大趋势以及资源、市场稀缺的情况下,竞争的日益加剧是必然的。但是,在未来的信息社会中,个体和个体、组织和组织之间的高度合作则更为重要,这就要求各个群体或组织的运作纳入一个合作的体系之中,而基于和谐概念发展起来的和谐管理理论正好可以适应这种要求。和谐管理理论代表了当代管理领域的最新研究方向,并对管理研究和管理实践具有重要的指导意义。

二、和谐管理理论简述

和谐理论是建立在系统理论与系统分析的框架之上的,其理论的核心基础是任何系统之间及系统内部的各种要素都是相关的,且存在一种系统目的意义下的和谐机制。和谐机制在很大程度上与效率是一致的。在现实生活中,不和谐的存在是绝对的,而和谐则是相对的,和谐管理的目的即是使系统由不和谐逐步趋近和谐的状态。

和谐理论的阐述是从系统的负效应开始的。和谐理论认为:和谐是一个综合的系统状态,系统的负效应因此可以分为:(1)要素性负效应;(2)构成性负效应;(3)组织性负效应;(4)精神性负效应;(5)内外失调性负效应；(6)总体负效应等六个层次上的影响(席西民，1989年)。

与之相对应，一个系统在要素、构成、组织、精神、内外协调以及总体结构等方面都存在和谐问题，和谐管理的基本思想就是如何在各个子系统中形成一种和谐状态，从而达到整体和谐的目的。

基于上述思想，和谐理论提出了两轨、两场的概念模型。两轨即系统的组织手段和社会的法律制度，它是系统成员的行为边界，具有一定强制性的约束力。这是一种有形的约束。两场即“协同力场”和“促协力场”。按席酉民教授的定义，协同力场是“由组织机能、人的精神、道德、行为习惯和系统文化等构成的一种无形的内部环境”。促协力场是对协同力场产生影响的系统外部环境(席酉民，1987年)，是一种无形的规范。

对应于和谐的机制，系统的优化便可以从以下五个方面入手(席酉民，1989年)；

(1)根据系统生存的根本目的、资源、人力及其他条件，确定合理的组成要素及构成方式，并使之相互协调。

(2)根据系统发展目标、构成，确定合理的功能及实现功能的最佳组织结构和硬性的控制机制，使系统有效发展，达到组织和谐。

(3)根据系统使命、目标、构成、功能、结构、素质等形成与之相适应的系统精神和文化(即协同力场)，达到内部环境和谐。

(4)根据系统的根本目的和外部的发展变化，形成系统充分利用促协力场的促进作用和保持与外部环境相适应的机制，达到外部和谐。

(5)综合上述过程，使系统总体达到和谐状态，实现总体和谐。

在上述基础上，和谐理论还给出了“和谐”的测度手段、优化程序、预警系统等一系列的方法，形成了一个较为完整的体系。

三、和谐管理的内在价值

对于一个系统而言，和谐管理的意义和价值是和谐管理理论的立足点。席酉民教授对和谐下的定义为：“系统和谐性是描述系统是否形成了充分发挥系统成员和子系统能动性、创造性的条件及环境，以及系统成员和子系统活动的总体协调性。”从这一定义中，可以提取出“和谐”的两种价值内涵。

第一，是“和谐”的技术价值，它体现了“谐”的精神。“和谐”首先定义的是系统在要素上、组织上、结构上的总体协调，它反映了系统在一定输入下输出极大化（或在一定输出下的输入极小化）的一种技术要求。在这里，系统输出指的是狭义的系统产出，并不包含系统本身精神状态的改变。“和谐”的这种价值含义体现了效率的原则。如前所属，这种效率是在系统目的的意义下进行定义的。效率这一概念可以适用于各种组织，包括营利性组织与非营利性组织、政府组织等。如福利院，它的目的是为生活无依靠的老人提供生活帮助。用最少的资源去提供最大的服务，这就是它的效率的定义。虽然福利院不直接考虑效益，但如果它的运行是高效的，那么它达到了自身的和谐，并且与外部社会和谐共存，因此它就可以不断获得外部资源而生存下去。即便是营利性组织其不同发展阶段的战略目标，并不一定以效益最大化为目的（当然，从长远来看，效益是营利性组织的根本目的，那么此时效率的定义变成：使企业的长期效益最大化）。

第二，和谐的价值包含一种系统成员的精神利得的意义，它体现了“和”的思想，对于一个企业成员而言，企业不但为他提供一种物质的生存手段，同时也是他实现自身价值，寻求集体归属感的最理想的场所。大量的社会学、心理学和管理学研究表明，人除了生理上的需求外，还存在许多社会需求，并且在物质需求得到满足后，精神需求的重要性就会更加突出。因此，精神和谐的追求不仅是出于效率的考虑，也是系统成员的一个直接目标之一。实际上，这两方面价值是相互依存的，忽视了哪一方面的因素都不可能达到整体的系统和谐，效率与精神价值构成了一个和谐的统一体。对于一个企业是这样，对于其他类型的组织则更是如此。

四、和谐的分类与标准

系统和谐性是针对系统整体而言的，概括地说，系统和谐度反映了系统能在多大程度上充分利用系统资源以达到产出最大化目的的结构状态。然而，这种工程化的描述过于空泛，人们很难从中直接得出其确切和具体的含义。所以，研究者们还需对之进行破译，以更进一步明确其思想。解决这一问题还是要从和谐的价值入手。

和谐具有效率和精神满足两方面的功能，那么系统和谐与否的判断就必须从这两方面进行考虑。按照这种思路，“和谐”就是组织内所有成员之选择的协调状态，以及这种选择与外部环境以及为达到组织目标的特定的技术要求间的适应程度。

按“和谐”的范围分，可以分为内部和谐和外部和谐两大部分；按“和谐”的作用分，可分为技术和谐和精神和谐。精神和谐是企业成员的个人目的与企业目的以及个人目的间的相容；技术和谐包括组织的合理性、资源配置的有效性与生产技术的先进性与合理性。技术和谐与精神和谐是有一定关系的，因为组织所有的活动都要由人来完成，所以效率不仅取决于技术上的合理，更取决于组织成员的工作表现。因此，精神和谐既有精神满足的一方面，又有促进效率的一面。而从某种意义上说，技术和谐又为精神和谐提供了保证，是为实现精神和谐而采取的一种技术上的选择。

和谐的这两种分类相结合，可以分为四种和谐，即内部技术和谐、内部精神和谐、外部技术和谐、外部精神和谐。和谐的分类如图 2-1所示。

	技术	精神
内部	Ⅰ	Ⅱ
外部	Ⅲ	Ⅳ

图 2-1　和谐的分类

以企业为例，内部精神和谐，即企业所有者、经营者和员工三者行为取向的一致程度。外部精神和谐即企业文化与社会文化的相互兼容程度。内部技术和谐即企业生产要素的有效配置，也就是先进适用技术和管理手段的采用。外部技术和谐，即企业有效地与外部环境进行物质和信息交换的能力。

除了从内部到外部，从精神到效率来看待和谐问题外，人们还应该上升到更高一个层次来认识这一问题，即和谐还必须符合自然法则。具体地说，和谐还需遵从人类的自然理性和正义的标准；否则，即使符合上述的和谐准则，仍不能称作一种和谐。比如纳粹德国时代的狂热组织、我国“文革”时期的派系组织等。这些例子都阐明了，在某种特定的环境下，某些违反人类正义和人类文明的组织和行为都可能在其组织内部和外部找到普遍的支持，如果不附加这一最高标准的话，就会得出非常荒谬的结论。人们把这种符合人类正义和人类自然理性的标准称为“超验和谐”。“超验和谐”的理论基础涉及社会学甚至物种生态学等领域(在此不作分析)。

所以，从更广泛的社会学领域来说，和谐就分为六个层次：构成的和谐，组织的和谐，内部环境和谐，外部和谐，总体和谐，超验和谐。

第二节　和谐管理的发展

一、和谐管理的应用价值

1. 对复杂管理现象的解释力

和谐管理理论将自身定位为依赖于环境的围绕和谐主题、基于“和则”与“谐则”双规则运用的问题解决学，这就开辟了一个全新的对管理现象的认识途径。按照和谐管理理论，人们可以既站在一个相对统一的框架内看待管理问题，又将每一个需要分析的管理问题视为具有其特定情境和性质的“个体”，剖析组织是否围绕其和谐主题，并通过“和则”与“谐则”的有效运用解决了组织的问题。这就使得和谐管理理论解释力的广泛性达到了传统理论所没有的高度，这也正是和谐管理理论应用价值的体现。因此可以说，和谐管理理论不是关于如何“必然地”得到组织所设定目标的知识体系，但它可能甚至应该是最能够系统地廓清复杂的组织管理现象的思想和工具。

2. 为分析管理问题提供思路

和谐管理理论对管理问题的分析是从对和谐主题的辨识开始的，和谐主题是组织在特定时期和情境下要解决的核心问题或要完成的核心任务。和谐主题具有强烈的环境依赖特征，与组织在特定时期的外部环境和内部条件有密切关系，并受到领导意识和行为的强烈影响。辨识出和谐主题之后，则需要分析组织围绕和谐主题的“和则”和“谐则”的运用，也就是分析组织管理体系与和谐主题之间的关系如何，在管理体系中“和则”与“谐则”的选择及其之间的配合程度如何。根据这一分析思路，管理者可以以和谐主题的辨识和围绕和谐主题的“和则”与“谐则”的运用为焦点，对组织发展的历程和特定时期的活动进行动态梳理，从而发现管理问题产生的机理。

3. 为解决管理问题提供帮助

和谐管理理论所提出的通过围绕和谐主题的“和则”与“谐则”的互动耦合，一方面是对管理现实广泛的反映，另一方面也是寻找问题解决途径的直接尝试。即针对组织中的具体问题和对象，管理者可以运用和谐管理理论的基本思想，通过围绕和谐主题的管理系统的设计，有效解决现实中的管理问题。在对特定情境下特定组织所面对的主要问题进行仔细分辨和确定的基础上，和谐管理理论强调通过对影响组织自主演化和理性设计的“和则”与“谐则”的处理操作来实现管理的目的。即从和谐主题的辩识和漂移入手，围绕和谐主题，分析哪些属于可以优化的方面，哪些属于不可优化的方面，通过对组织内“和则”（嵌入在大量自主演化活动中的各种非正式关系、信任、非正式规范、传统、共识等因素）、“谐则”（嵌入在大量理性设计活动中的各种规范、量化的、精确的安排、计划、调度、程序等因素）的处理操作来实现组织绩效与持续发展的目标。因此，通过组织管理者对双规则的有意识的利用及其管理体系的设计，可以找到针对组织面临的具体问题（和谐主题）的对策，为应对现实中的管理问题提供操作性的解决思路和方法，并为管理实践提供更为有效的依据和支撑。

4. 实现和谐管理的工具和方法的开发

和谐管理理论在分析和解决管理问题上的价值最终应体现在可以为管理者提供实用的工具和方法。如果以和谐管理的基本框架来分析和解决现实中的管理问题，那么，人们就不难理解实现组织和谐管理的基本途径，从而为实现和谐管理开发出可操作性的工具和方法。具体说来，实现和谐管理的工具和方法包括：和谐主题判别工具、“和则”方法库、“谐则”方法库、“和则”与“谐则”耦合工具等。这些工具和方法的开发，将使和谐管理理论最终在操作层面上体现出其应用价值。

二、社会经济呼唤和谐管理

党的十六届三中全会明确提出：把落实科学发展观和构建社会主义和谐社会作为党执政的重要目标。作为一种治国思想同时又是一种治国方略，和谐以及和谐管理的思想对于宏观发展和微观组织问题分析都提供了深刻的视角和方法，管理实践者和学术界对于和谐以及和谐管理的研究表现出越来越多的关注，社会经济呼唤和谐管理。截至2005年检索的中国期刊全文数据库（文史哲辑专栏，经济政治与法律辑专栏和教育与社会科学辑专栏）中论文发表情况（图2-2）可以看出，近些年对于“和谐”问题的讨论越来越多，尤其在2003年以后，大量的文献出现。以同样的方式检索“和谐管理”共69篇文章，检索栏目细分下的管理科学辑共31篇，文章时间分布情况见表2-1。表2-1显示在以上三大专栏中和谐管理的论文数量从1994～1996年的4篇到2003年以后至目前有大幅度的增长，针对和谐管理的讨论也越来越多。具体到管理科学领域，在较为专业的管理期刊中，从1994～1999年的空白到2002年以后，出现了相当数量较为学术的专业讨论。

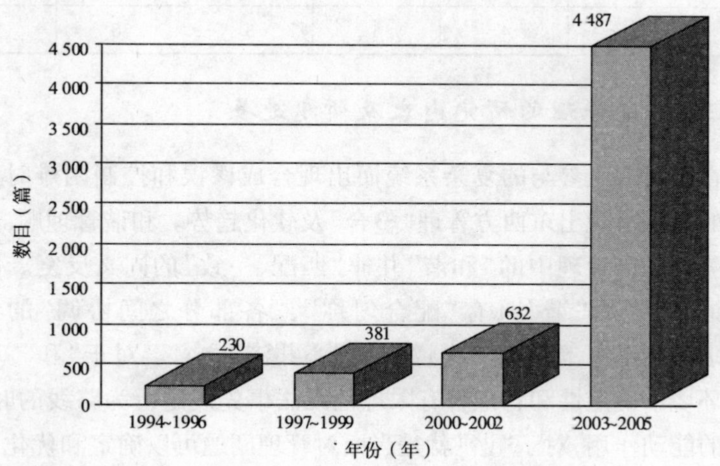

图2-2　篇名中含“和谐”论文发表情况

和谐管理在期刊全文数据库文献情况（1994～2005年）　　表2-1

年份（年）	1994～1996	1997～1999	2000～2002	2003～2005
和谐管理检索结果	4	5	8	52
管理科学栏目结果	0	0	5	13

在和谐管理思想的众多研究文献当中，西安交通大学和谐管理理论研究者发表的研究成果有相当大部分。2000年以来，在上述三大专栏中和谐管理的文章数量中占47.5%，尤其在管理科学领域的文献中

占68.7%。和谐管理有很多的文章论述,与和谐管理思想相关的研究文献散见于各种期刊,而且对和谐管理没有统一的认识和定义。表2-2列出了西安交大和谐管理研究者发表的文章以外的其他文献情况,并做了粗略的划分。

和谐管理思想相关研究(1994~2005年)　　表2-2

文献情况 / 涉及领域	1994~1996	1997~1999	2000~2002	2003~2005	合计
国民行业	—	3	2	5	10
管理实践	—	—	—	9	9
高校学报	—	1	1	7	9
科研教育	—	1	—	5	6
经济管理	4	—	—	2	6
总计	4	5	3	28	40

三、和谐管理的研究内容及研究进展

在面对有人参与的复杂系统而出现合成谬误和控制困难时,管理理论的发展呈现出东西方管理"整合"及软化趋势。和谐管理顺应了这一趋势。和谐管理中的"和谐"并非"匹配、一致"的同义反复。《高级汉语词典》中的"谐"具有"配合匀称"、"各部分之间协调"的含义;"和"具有"和睦、融洽"、"喜悦"、"同心共济"之意。对于"和"就是当由于环境不确定性和管理者有限理性无法事先规定行为路线的时候发挥人的能动作用,对于"谐"就是当面对管理问题可以确定和优化,能具体规定行为路线和确定解决办法的时候进行优化设计。"和谐"就是"优化设计"和"人的能动性"双规则的耦合互动。和谐管理是"组织围绕和谐主题的分辨,以优化设计和人的能动作用为手段提供问题解决方案的实践活动",管理问题的解决有用优化思路客观科学的一面,也有用减少不确定性主观情感的一面,是围绕和谐主题的双规则问题解决学。和谐主题是战略执行过程中的阶段性任务或需要解决的重点问题,它不同于战略的长期性和未来性。从战略入手,通过组织、环境和领导特征的分析辨识和谐主题,是和谐管理研究的起点(和谐管理理论的框架见图2-3)。

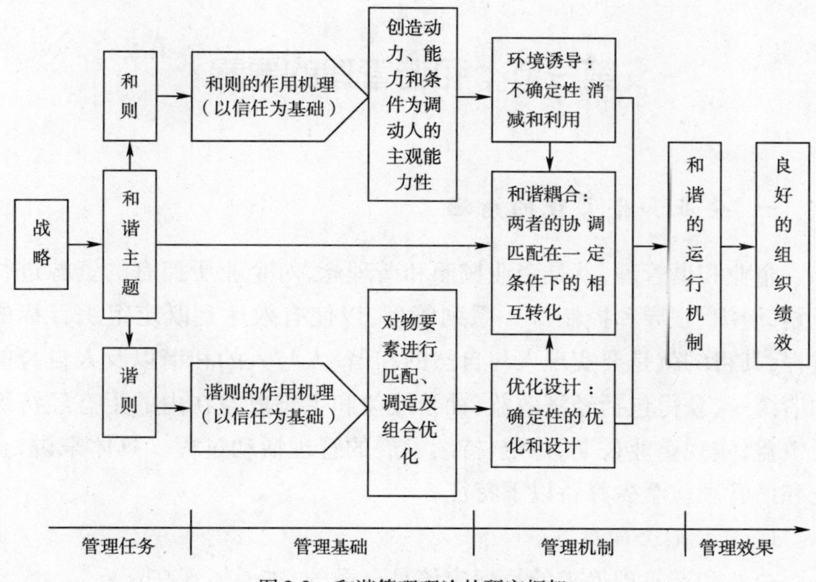

图 2-3　和谐管理理论的研究框架

围绕和谐主题的“和则”与“谐则”的耦合是一个动态的、非线性的复杂科学问题，和谐耦合的关键是揭示在特定的环境下所涌现的组织问题或任务如何通过“和则”、“谐则”及其组合来解决，和谐的达成是“环境诱导”和“理性设计”在一定条件下相互耦合的结果。借鉴脑科学和人工智能研究的成果，曾宪聚等提出了复杂管理问题的应对模型，包含四个基本要素：策略性思考、程序及步骤思考、文化及人际思考和系统性思考，和谐管理的全脑耦合模式是正在深入研究的课题。

和谐管理理论经过不断发展，已经形成较为完整的理论框架，针对这一框架，和谐管理理论提出对组织管理和谐的评价主要取决于三个一致性判断的基本观点。如果战略充分考虑到了环境、组织和领导三个因素，那么这种一致性的结果可以带来组织选择战略的正确；如果和谐主题与战略一致，则说明和谐主题选择是正确的，组织在特定阶段的管理重心定位是准确的；如果“和则”、“谐则”与和谐主题一致，则该阶段组织管理系统比较完善，管理比较到位。当组织实现了三个一致性后，则称组织管理是和谐的。组织的和谐保证了组织取得较高绩效的可能，和谐管理理论假设组织的和谐与组织绩效之间存在相关关系，并由此论证和谐管理理论的基本观点和有效框架。

第三节　和谐管理的要素

一、企业和谐管理的内涵

企业和谐管理，就是企业按照和谐理念，对企业所拥有的资源进行计划、组织、领导和控制等一系列管理，以使有效达到既定组织目标的过程，其目的就是要实现人与自然的和谐、人与人的和谐以及人自身的和谐统一，获得包括经济效益、社会效益和生态效益在内的生态经济综合效益，实现企业长期、稳定、持续发展的管理活动过程。具体来讲，企业和谐管理应至少具备以下特征。

1. 目标的全面性

企业和谐管理追求的目标应该是全面的，主要体现在：

(1)企业与人、社会、自然和谐共存、全面发展。

(2)企业既要考虑出资者的物质资本价值，也要考虑经营者和生产者的人力资本价值；既要考虑顾客所得价值，也要考虑企业的其他利益相关者的所得价值。

(3)企业经济效益、社会效益和生态效益的共同提高，企业的可持续发展。

2. 决策的民主性

决策的民主性是指企业在作重大决策时，要由出资者、经营者和生产者共同参与，并对决策的实施进行监督和制约。这是实现由出资者、经营者和生产者共同主宰的企业内部和谐管理的显著特征，不仅可以充分调动出资者、经营者和生产者各方的积极性，而且可以集各方的智慧使决策更全面，更切实可行，从而避免重大的失误。

3. 运行的透明性和监管的完备性

运行的透明性是指企业和谐管理的运行是高度透明的。监管的完备性是指企业和谐管理的监管机制比较完善和健全。企业和谐管理在决策民主性的前提下，通过完善企业的治理结构，提高企业运营的透明度，防止暗箱操作，使得企业在运营中得到各方的监督，有利于提高企业的社会信任度和企业在社会中的形象，为各方的和谐协作奠定坚实的制度基础。

4. 企业文化的进取性

企业文化积极向上,内部人际关系和谐是企业内部和谐的一个显著特征。优秀进取的企业文化使得员工个体目标与企业整体目标相一致,员工的自主管理意识增强,在企业内部形成和谐的人际关系,为企业的发展提供强有力的精神支持和统一力量。

5. 对外的诚信性

诚信是企业的战略资源,是企业道德观的外在表现,是市场经济的基本规则。企业形成良好的诚信体系是企业外部和谐的突出表现,一个企业,无论是创业之初,还是在发展壮大过程中,只有视诚信为企业生命,将它作为处理企业内外关系的基本原则,塑造诚实守信的企业形象,才能不断提高自身知名度和美誉度,才能在企业内外建立起和谐的生存和发展环境,最终才能实现企业的可持续发展。

二、企业和谐管理的要素

企业管理的任务在本质上就是要协调企业的各种关系,使各种要素比例恰当、各得其所,围绕企业目标协同运动。影响企业实现和谐管理目标的要素主要有:企业目标、组织结构、运行机制、管理方法、企业素质五个方面。

1. 企业目标

企业目标是指全体员工和各项管理工作的努力方向和预期要求达到的目的或成果,它规定和制约着管理诸要素的作用方向,规定和制约着企业的基本行为。在生态时代和经济全球化的背景下,企业要想真正做大做强,其企业目标必须涵盖经济利益和社会责任两个方面。

2. 组织结构

企业目标是通过组织来实施的,企业能否成功,往往在于它的组织结构是否健全,企业实施和谐管理必须有完善的组织结构,按照企业目标规定各组织部门的界限,并使其协调运作。组织结构完善、分工明确、信息畅通,可以促进企业的人态和谐。

3. 运行机制

管理的生命力主要取决于它的运行机制。企业内部运行机制,一方面要为企业系统各要素的运行提供动力,即解决动力源问题;另一方面要制约企业系统各要素运转的轨迹，即解决规范问题。企业和谐管理的运行机制，应当具体运用好系统原理和反馈原理，由上而下、由内而外，先综合、后分析、再回到综合，不断反复循环，把目标的确定和实现目标的方法有机地结合起来。

4. 管理方法

管理方法是企业"资产经营一体化"的运行工具，它受制于企业目标、组织结构、运行机制、人的素质和物质基础，同时也作用于这些方面。实施和谐管理必须有科学的管理方法，科学的管理方法应该是多样的，既要包括经济方法、法律方法、行政方法等"硬件"方法，还要包括社会学方法、心理学方法、现代自然科学方法等"软件"方法，科学的管理方法是促进员工人格健康，协调员工关系、部门关系和企业与外部环境关系的重要手段。

5. 企业素质

企业素质是指企业按节约和效率的原则在市场中维持运作和发展的能力，这一能力取决于企业目标、组织结构、运作机制的科学性和管理方法的有效性，和谐的企业是高素质的企业，高素质的企业技术先进，管理有效，能够吸引人才，并善于合理配置和使用各种资源，从而增强企业生命力，取得最大最好的经济与社会效益。

第四节　和谐管理的性质

一、和谐管理是一种哲学

众所周知，哲学是关于自然界、人类社会和思维发展一般规律的科学，是从大量的、复杂的现象中高度浓缩和凝练出来的理性知识的结晶，为人们认识世界和改造世界提供世界观和方法论。管理哲学则是关于管理本质的认识和如何从事管理的根本观点，对管理行为具有特定的重要性和引导作用，是使得管理者行为延续、一贯的原则，具有长远的价值。在一定意义上，作为"软件"的管理哲学比作为"硬件"的管理科学更为重要。管理哲学研究的是管理主体与管理客体之间的矛盾，以及组织与个人和组织与环境之间的问题。

企业管理这门学科是由管理哲学、管理职能和管理业务三个层次构成的科学体系。其中，处于最高层次的是管理哲学。而管理哲学又包含着多个内容，如辩证管理思想、系统管理思想、科学管理思想、权变管理思想、矛盾管理思想、人本管理思想等。当今，和谐管理思想也是管理哲学必不可少的内容之一。因为当今的企业是一个多目标组织，不仅注重经济效益，而且应注重社会效益和生态效益，企业要想长期生存与发展，就要处理各种关系，如企业与员工、企业与市场、企业与社会、企业与自然的关系等，要处理好这些关系，就应该树立和谐管理的管理哲学思想。

二、和谐管理是一种先进的管理方式

所谓管理方式就是指在管理活动中，管理者所采用的管理方法和管理形式。企业和谐管理不仅是一种管理哲学，而且也是一种可以赋之于操作的管理方式，是一种以特有的管理思想（和谐理念）、管理目标（和谐共存、全面发展和可持续发展）、管理内容（内部共同治理的和谐管理、外部全面协调的和谐管理）赋之于操作的、旨在全面提升企业价值的管理方式。

企业价值这里是指企业的经济价值、社会价值和生态价值。企业和谐管理致力于全面提升企业价值，就是要坚持以人为本，树立全面、协调、可持续的发展观，既追求自身的经济效益，又追求社会效益和生态效益，合理处理企业与其利益相关者的关系，实现企业与其利益相关者的和谐和全面价值最大化，积极主动承担社会责任，切实保护好生态环境，不断提高企业的可持续发展能力，在解决我国社会的主要矛盾（即人民群众日益增长的物质文化生活需要与落后的社会生产力之间的矛盾）中，充分发挥积极作用，创造更丰富的社会物质财富，为构建社会主义和谐社会打下坚实的物质基础，使国家的整体实力不断增强。

三、和谐管理是一个关系管理子系统

按照系统论的观点，企业管理是一个系统，是由许多子系统构成，它既包括如战略管理、人力资源管理、生产运营管理、营销管理、信息管理、技术管理等子系统，又包括随着社会环境的变化而出现的新的子系统，如冲突管理、危机管理、知识管理、风险管理等。和谐管理也是新出现的一个管理子系统，而且是以关系管理为对象的一个管理子系统。

所谓关系管理就是指对企业各种基本关系的管理。企业生产经营活动及其管理过程，就是处理、维护和发展各种关系的过程，一般包括协调处理企业与其内部三者（如出资者、经营者和生产者）的关系，企业与市场（如客户、供应商、竞争者）的关系，企业与社会（如政府、社区、公众、媒体）的关系，企业与自然（如生态环境）的关系。它是新时代、新的社会经济环境下出现的一系列新的管理子系统之一。

关系管理其实质就是协调处理人与人、人与社会、人与自然的关系。因此，企业和谐管理就是以和谐理念为指导，以关系管理为对象，以和谐共存、全面发展和可持续发展为目标的一个管理子系统。

四、和谐管理重在落实企业伦理和社会责任

所谓管理手段是指为实现某种管理目的而采取的具体方法。企业和谐管理不仅是一种管理哲学、是一种可以赋之于操作的管理方式，而且也是一种管理手段，是一种重在落实企业伦理和社会责任的管理手段。

长期以来，传统的企业理论认为，企业是营利性组织，利润和股东价值最大化是企业唯一的目标，企业利益相关者、社会责任不应在企业考虑之列。然而，国内外商界唯利是图严重，损害消费者、投资者、社会公众利益的行为越来越引起不安，西方关于企业要承担社会责任、净化商业环境的呼声越来越高，企业伦理的观念越来越深入人心，正如诺贝尔经济学奖得主诺思所说：“自由市场经济制度本身并不能保证效率，一个有效率的自由市场制度，除了需要有效的产权和法律制度相配合之外，还需要在诚实、正直、公正、正义等方面有良好道德的人去操作这个市场。”近几年来，国内关于企业应承担社会责任、提升企业经营道德的呼声越来越高。因为我国今天的社会已经进入了一个快速发展与社会矛盾加剧的历史转型期。这一时期，要求企业应增强社会责任感，提高职业道德，采取行之有效的措施，为社会多作贡献，以缩小贫富差距，缓解社会矛盾，维护社会公平。企业和谐管理正是适应当今我国社会发展的需要，重在落实企业伦理和社会责任，以解决企业内外存在的不和谐问题的一种管理手段。

第五节　和谐管理的特征

认识任何事物，首先是从认识其特征开始的。同样，要很好地认识和理解企业和谐管理，也需要首先把握其特征。企业和谐管理是近几年来我国企业管理界的一个热门话题，许多企业虽然在这方面已经探索出一些成功的经验，但都缺乏对企业和谐管理从理论上进行的系统提炼。在此，通过对部分企业进行实地调研和对其成功经验进行深入分析，本书认为企业和谐管理的特征包括以下方面。

一、目标的全面性

目标的全面性是指企业和谐管理的目标是全面的。长期以来，许多企业始终以追求经济指标为根本宗旨，把获得投入资本的最高报酬率、产品或服务的最高销售额、市场的最大占有率、最终实现利润的最大化作为企业成功的最高标准，结果使企业成为一部循环运转的赚钱机器，导致其寿命很快衰竭。而企业和谐管理追求的目标是全面的，主要有：企业与人、社会、自然和谐共存、全面发展；全面价值最大化，即既要考虑出资者的物质资本价值，也要考虑经营者和生产者的人力资本价值；既要考虑顾客所得价值，也要考虑企业的其他利益相关者的所得价值，还要考虑因社会进步、环境保护及当代、后代具有良好的生存环境和社会福祉而产生的价值增值；企业经济效益、社会效益和生态效益的共同提高，企业的可持续发展。

二、决策的民主性

决策的民主性是指企业在作重大决策时要由出资者、经营者和生产者共同参与，并对决策的实施进行监督和制约。这是实现由出资者、经营者和生产者共同主宰的企业内部和谐管理的显著特征。决策的民主性可以防止损人利己的小集团或个人利益的恶性膨胀。当今，许多企业由于决策不民主，个别专权人或小集团从个人或小集团的利益出发，以个人或小集团的利益最大化作为决策的基础，以至于不顾其他群体的利益，有时甚至是不惜损害别人的利益和整个企业的利益以达到自己利益最大化的目的。其结果在出资者、经营者和生产者之间产生矛盾和冲突，严重影响企业的发展，甚至导致企业的失败。也有许多企业由于决策不民主，使企业的决策产生重大失误。因为在当今瞬息万变的环境下，个人和少数人的判断很可能会有偏执。这是由于看问题的角度、所掌握的信息量和本身的分析能力所决定的。由于这种限制，不可避免地会作出脱离实际的决策，从而造成企业的重大损失。而决策的民主性不仅可以充分调动出资者、经营者和生产者各方的积极性，而且可以集各方的智慧，使决策更全面，更切实可行，避免重大的失误。

三、运行的透明性

运行的透明性是指企业和谐管理的运行是高度透明的。许多企业由于治理结构不完善，透明度不高，经常搞暗箱操作，结果导致或者损害股东利益（如经营者贪污腐败、上市公司信息披露失真等），或者损害员工利益（如拖欠或克扣工资、工作环境恶劣等），或者损害顾客利益（制假贩假、虚假广告等）的行为。由于股东利益受损，结果导致股市震荡或股民群愤；由于员工利益受损，结果导致股东及经营者与员工的矛盾与冲突；由于顾客利益受损，结果引发社会民愤。这些都直接损害各方的信赖关系、和谐气氛和友好合作。而企业和谐管理由于在决策民主性的前提下，通过完善企业的治理结构，提高企业运营的透明度和社会信任度，防止暗箱操作，使得企业在运营中得到各方的监督，因而，有利于提高企业的社会信任度和企业在社会中的形象，为各方的和谐协作奠定坚实的制度基础。

四、监管的完备性

监管的完备性是指企业和谐管理的监管机制比较完善和健全。当今，许多企业由于监管机制的不完善和不健全，其结果使得财务、投资和担保没有严格按照审批程序进行；披露的信息失真现象严重；经济违规现象和“内部人控制”现象严重，不仅损害了出资者的利益，而且也损害了员工的利益。而企业实施和谐管理，为了确保民主性决策的顺利实施和运行的透明性，确保各方利益不受损害，通过完善企业治理结构，不断完善监管机制，充分发挥监事会的作用。特别是财务、投资和担保要有严格的审批程序和透明的披露规定,以杜绝严重的经济违规和犯罪。通过建立独立董事制度,从制度上保证公司董事会成为全体股东利益的真正代表,而不受少数人和大股东控制或主宰,确保股东利益不受损害。同时,通过加强企业的工会组织以保障所有员工的正当权益和利益不受损害,使员工的利益随着企业的发展而得到提高。总之,企业和谐管理通过完善的监管机制,确保企业各方利益不受损害,从而有利于实现企业内部的和谐。

五、企业文化的进取性

企业文化积极向上,企业内部人际关系和谐是企业内部和谐的一个显著特征。当今,许多企业内部存在着各种矛盾与冲突的根源,从根本上讲就是因为缺乏建立在统一价值观基础上的积极进取的企业文化。创建企业文化,实质上要解决两个问题:一方面是将企业文化作为灵魂来指导企业发展,通过企业文化建设树立企业良好的形象,取得社会的认同和尊重;另一方面,就是要在企业内部形成积极向上的共同的价值观,使得员工个体目标与企业目标一致,员工的自主管理意识增强,在企业内部形成和谐的人际关系,进而形成统一的力量。优秀的企业文化一旦形成,就会为企业的发展提供强有力的精神支持,就会对企业的发展起到不可估量的巨大的推动作用。

六、对外的诚信性

诚信是企业的战略资源,是企业道德观的外在表现,是市场经济的基本规则。企业形成良好的诚信体系是企业外部和谐的突出表现。当今,许多企业的失信和欺诈言行,严重影响着企业的发展,甚至使得企业短命,同时也严重败坏商业风气,危害社会和公众利益,也极大地增加经济生活中的交易成本,使得市场机制难以合理运作。相反,众多企业的成功实践无不印证了诚信经营的力量,良好的诚信体系是企业走向成功的必然选择和重要保证。一个企业,无论是创业之初,还是在发展壮大过程中,只有视诚信为企业生命,将它作为处理企业内外关系的基本原则,塑造诚实守信的企业形象,才能不断提高自身知名度和美誉度,才能在企业内外建立起和谐的生存和发展环境,最终才能实现企业的可持续发展。

七、生产经营活动的环保性

生产经营活动的环保性是绿色生态企业的直观体现，也是企业和谐管理的重要特征。创建绿色生态企业是企业实现可持续发展的必然要求，是实现人与自然和谐的根本途径。可是，仍然有许多企业为了短期利益，忽视环境保护，排放“三废”和进行污染生产，引起公众和消费者的不满，最终影响企业的持续发展。树立绿色生态企业的经营理念，开发绿色产品，推行清洁生产，推进绿色服务，取得绿色认证是创建绿色生态企业的重要内容。特别是取得绿色认证是创建绿色生态企业的标志性内容。ISO14000 认证可以说是一张企业进入国际市场的绿色通行证。因为环境保护正越来越被发达国家用来作为遏制我国对外贸易的壁垒，从而形成一种新型的非关税壁垒——绿色贸易壁垒。许多国际企业集团为了增强竞争力，树立绿色企业形象，扩大国际企业影响力，争相得到 ISO14000 标准认证。因为取得该认证，即意味着企业得到了国际认可，其产品便可以通行无阻地进入国际市场；否则，在日益激烈的国际竞争中将会寸步难行，甚至都得不到参与竞争的资格。通过绿色生态企业的创建，科学认识和正确运用自然规律，准确地利用自然来为人们的生活和社会发展服务，真正实现人与自然的和谐共生。

八、承担社会责任的主动性

以主动、积极的态度承担社会责任，为社会服务，为公益事业做实事，满怀真诚，奉献爱心，关注社会的发展与进步是企业和谐管理的外部表现。企业最终的目的是盈利，但如果忽视了社会责任就不算成功的企业。只有注重社会责任的企业，才能在长远的发展中树立起自身的品牌，只有给予社会最优质的产品，社会才会给予企业回报及认同，在这样的良性循环下，企业自身才是最终的受益者。一个有远见的企业家不仅应追求企业的短期利润，更应关注企业的长期获取利润的能力，而企业自觉承担社会责任有助于增强企业的长期盈利能力。事实上，越来越多的企业实践和众多的研究成果充分说明，在社会责任和企业绩效之间存在着正向关联度。公益是一个社会稳定发展的内在需要。企业关心社会公益事业的发展，加大对社会公益事业的投入，正是满足社会稳定发展的内在需要，社会稳定发展必然促进企业可持续发展。

第三章 兴畲高速公路项目及沿线基本情况

第一节 广东省高速公路发展现状

一、广东省公路发展规划(2004~2030年)

(一)规划的必要性

改革开放以来,广东省高速公路建设取得了显著成就,在经济建设和社会发展中发挥越来越重要的作用。至2004年底,全省高速公路通车里程达到2 520公里,占全国的7.6%,居全国各省(区)的第二位。高速公路发展水平总体上处于全国领先地位。但与世界发达国家相比,广东现有高速公路规模仍然偏小,尚未形成网络,不能适应全面建设小康社会、率先基本实现现代化的发展要求。高速公路网的建设和完善仍然任重而道远。

高速公路属于永久性基础设施,造价高,建设周期长,联网要求高,社会影响大,需要有科学的规划来指导建设。1989年省政府批准的《广东省高速公路建设规划方案》和1998年省计委批复的《广东省公路网规划》(1996~2020年),对全省高速公路的建设起到了非常重要的指导作用。随着形势的发展,原有规划已不适应,迫切要求系统编制全省高速公路网规划。一是经济和社会的持续快速发展,对高速公路建设不断提出新的需求;二是国家于1998年实施了"扩大内需"的积极财政政策,在这一政策的推动下,高速公路的发展速度比规划预期要快,预计到2010年原规划的2020年目标将提前10年基本实现;三是交通部于2001年即着手编制《国家高速公路网规划》,要求广东省高速公路网与之衔接。在此背景下,省交通厅于2002年初委托省交通咨询服务中心开展研究,着手编制全省高速公路网规划。

(二)高速公路网的功能定位

高速公路为专供汽车分向、分车道行驶并全部控制出入的多车道公路。与普通公路相比,高速公路具有行车速度快、通行能力大、运输成本低、安全、舒适等显著的技术经济特征,决定了高速公路在路网中的功能定位和作用:高速公路是公路网中技术标准最高、通道功能最强的干线公路,是公路网的骨架。广东省境内高速公路网的主要功能为:是国家高速公路网的重要组成部分,承担着省际间的客货运输,是省际间的公路大通道;是主要城市之间的高速通道,是大中城市之间交通联系的理想选择;是港口、机场、铁路运输枢纽客货集散的重要运输方式;是高速公路联网的需要。

(三)发展目标

再经过30年左右的时间,全省建成规模适当、布局合理、具有较高通达性和较高服务水平的高速公路网络,达到(部分指标超过)发达国家目前的水平,高速公路网总规模约8 800公里左右,其中珠江三角洲约3 500公里,高速公路网布局总体上成网格状,在珠江三角洲、东西两翼和区域中心城市周围以环线和放射线加密。

近期,即到2010年,全省高速公路通车里程将达到5 000公里左右,其中珠江三角洲达到3 000公里,通往邻省(区)的主要高速公路通道建成通车,全省基本形成以广州、深圳为中心向外辐射的高速公路网络,珠江三角洲形成较为完善的高速公路网络。

中期,即到2020年,高速公路通车里程将达到7 300公里左右,其中珠江三角洲达到3 300公里,地级市与地级市之间(包括与相邻省份的地级市之间)基本上通高速公路,沿海重要港口基本上由高速公路连接,全省基本形成网格状的高速公路网络。

远期,即到2030年,高速公路通车里程达到将8 800公里左右,其中珠江三角洲达到3 500公里,高速公路网络进一步完善,全省所有县城基本上能够在30分钟内上高速公路。

(四)布局方案

全省高速公路网规划布局方案是:以“九纵五横两环”为主骨架,以加密线和联络线为补充,形成以珠江三角洲为核心,以沿海为扇面,以沿海港口(城市)为龙头向山区和内陆省区辐射的路网布局,详见图3-1和表3-1。其中“九纵五横两环”总里程约7 000公里,路线布局如下。

一纵：汕头至福建龙岩（省界），由汕头（外砂）起，经揭阳、丰顺、梅州、蕉岭至福建龙岩上杭（省界），全长约218公里。

二纵：汕尾至江西瑞金（省界），起自汕尾市，经海丰、陆河、揭西、五华、兴宁、平远至江西寻乌（省界），全长约300公里。

三纵：深圳至江西赣州（省界），由深圳盐田港起，经惠州、河源、和平至江西定南（省界），全长约281公里。

四纵：深圳至湖南汝城（省界），由深圳盐田港起，经东莞、博罗、龙门、新丰、翁源、始兴、仁化至湖南汝城（省界），全长约430公里。

五纵：京珠高速公路粤境路段，起自珠海金鼎，经中山、广州、从化、佛冈、英德、翁源、韶关、乳源、坪石至湖南宜章（省界），全长约465公里。

六纵：珠海至连州，起自珠海横琴，经中山、顺德、广州、清远、阳山至连州，全长约371公里。

七纵：珠海至湖南永州（省界），起自珠海三灶，经江门、鹤山、高明、肇庆、四会、广宁、怀集、连山、连南、连州至湖南永州（省界），全长约451公里。

八纵：阳江至云浮，起自阳江港，经阳春、罗定至郁南（东坝），全长约197公里。

九纵：茂名至广西岑溪（省界），起自茂名水东，经茂名、高州、信宜至广西岑溪（省界），全长约160公里。

一横：福建漳州（省界）至广西贺州（省界），起自饶平上善（省界），经大埔、梅州、兴宁、龙川、连平、翁源、英德、怀集至广西贺州信都（省界），全长约623公里。

二横：揭阳至茂名，起自揭阳，经揭西、五华、紫金、河源、龙门、从化、佛冈、清远、广宁、云浮、新兴、阳春、茂名，全长约781公里。

三横：惠州至广西梧州（省界），起自惠州惠东（凌坑），经惠州、博罗、增城、广州、南海、三水、肇庆、云浮、郁南至广西梧州（省界），全长约403公里。

四横：福建漳州（省界）至广西玉林（省界），起自饶平（上善），经潮州、揭东、揭阳、揭西、陆河、海丰、惠东、惠州、东莞、中山、江门、鹤山、新兴、罗定至广西岑溪（省界），全长约767公里。

五横：同三国道主干线粤境段及联络线，联络线包括深圳皇岗至机

第三章

场、西部沿海和遂溪至山口高速公路，全长约1 372公里。

一环：珠江三角洲环形高速公路，全长约186公里。

二环：珠江三角洲外环高速公路，起自深圳（梅林），经东莞、增城、从化、花都、四会、肇庆、江门、中山、珠海、港珠澳大桥，全长约416公里。

广东省高速公路网布局方案表 表3-1

名称及序号	线　路	主要控制点
一	骨架网	
（一）	纵线	
一纵	汕头至福建龙岩（省界）	汕头、揭阳、丰顺、梅县、梅州、蕉岭
二纵	汕尾至江西瑞金（省界）	汕尾、海丰、陆河、揭西、五华、兴宁、平远
三纵	深圳至江西赣州（省界）	深圳、惠州、河源、和平
四纵	深圳至湖南汝城（省界）	盐田港、东莞、博罗、龙门、新丰、翁源、始兴、仁化
五纵	京珠高速公路粤境段	珠海、中山、广州、从化、佛冈、英德、翁源、韶关、乳源、坪石
六纵	珠海至连州	珠海、中山、顺德、广州、清远、阳山、连州
七纵	珠海至湖南永州（省界）	珠海、江门、鹤山、高明、肇庆、四会、广宁、怀集、连山、连南、连州
八纵	阳江至云浮	阳江、阳春、罗定、郁南（东坝）
九纵	茂名至广西岑溪（省界）	水东、茂名、高州、信宜
（二）	横线	
一横	福建漳州（省界）至广西贺州（省界）	大埔、梅州、兴宁、龙川、翁源、英德、怀集
二横	揭阳至茂名	揭阳、揭西、紫金、河源、龙门、佛冈、清远、肇庆、新兴、阳春、茂名
三横	惠州至广西梧州（省界）	惠东、惠州、增城、广州、南海、高要、云浮、罗定、郁南
四横	福建漳州（省界）至广西玉林（省界）	潮州、揭阳、揭西、陆河、惠东、东莞、中山、江门、新兴、罗定、岑溪
五横	同三国道主干线粤境段及联络线	饶平、潮州、汕头、汕尾、惠州、深圳、东莞、广州、佛山、江门、珠海、阳江、茂名、湛江、徐闻、廉江
（三）	环线	
一环	珠三角环形高速公路	番禺、三水、南海、顺德
二环	珠三角外环高速公路	深圳、东莞、增城、花都、肇庆、高明、江门、中山、珠海

续上表

名称及序号	线　　路	主要控制点
二	加密线和联络线	
1	广州环城	广州市白云区、天河区、海珠区、芳村区、佛山市南海区
2	广州东新高速公路	广州市海珠区东沙至番禺区新联
3	广州至赣州(省界)	广州新机场、从化、新丰、连平
4	广州至四会	广州、南海、三水、四会
5	广深(港)沿江公路	广州、东莞、深圳
6	深圳北环高速公路	银湖、南头
7	深圳外(半)环高速公路	沙井、光明、凤岗、坪地、葵涌
8	深圳至惠州沿海公路	盐田、葵涌、澳头、稔山
9	深圳龙大高速公路	深圳龙华、石岩、光明农场、松岗、罗田林场、东莞大岭山
10	深圳水官高速公路	布吉、横岗、平湖、龙岗
11	东莞龙林高速公路	塘厦龙贝岭至林村
12	新会至台山	新会(司前)、台山
13	潮州至惠来	潮州、揭东、揭阳、普宁、惠来
14	揭东(登岗)至惠来	揭东、揭阳、潮阳、潮南、惠来
15	河龙高速公路热水至柳城段	东源、龙川
16	梅县畲江至兴宁兴城	畲江、兴宁
17	韶关至江西赣州(省界)	韶关、始兴、南雄
18	连州至坪石	连州、坪石
19	汕头至普宁	汕头、潮阳、潮南、普宁
20	惠州港至惠州	惠州港、惠阳、惠州
21	深圳至中山跨珠江口工程	机荷高速公路、中江高速公路
22	东莞市南环	东莞厚街、寮步
23	番禺至东莞(莲花山大桥)	番禺东涌、东莞厚街
24	广州至高明高速公路	番禺、佛山、高明(接江门至云浮高速公路)
25	南海平洲至广州南沙高速公路	南海平洲、番禺大石、南村、化龙、石楼、东涌、黄阁
26	梅州市环城高速公路	城东、城江、三角、西阳、丙村
27	广州至河源高速公路	广州、增城、龙门、河源
28	广州增城至从化高速公路	增城、从化

第三章

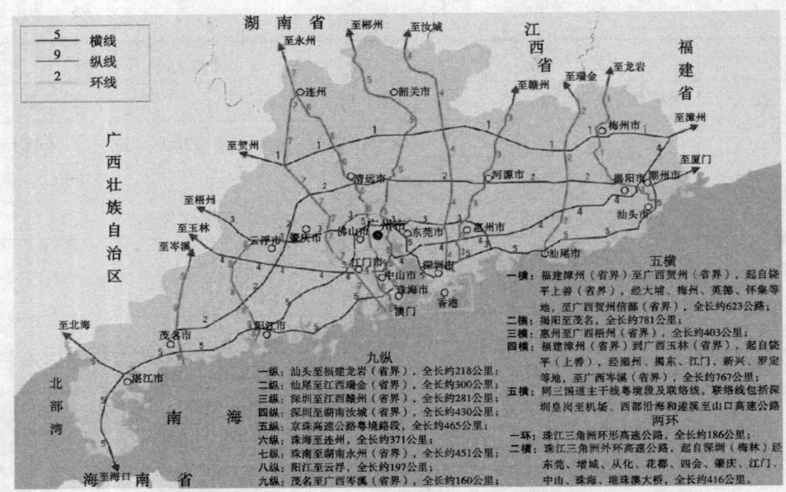

图 3-1　广东省高速公路网示意图

二、广东省经济发展对高速公路的需求展望

第三章

交通运输业是国民经济中从事运送货物和旅客的社会生产部门，是国民经济和社会发展的动脉，包括铁路运输业、道路运输业、城市公共交通业、水上运输业、航空运输业、管道运输业、装卸搬运及其他运输业等七个行业大类。

（一）广东省交通现状和特点

改革开放以来，广东加大交通运输业的投入和建设力度，全面放开运输市场，交通运输业取得长足发展。第一次全国经济普查结果显示，2004 年末，广东交通运输业法人单位达到 6 582 个，占全国同行业的比重达 10. 7%；从业人员 41. 02 万人，占全国的 7. 2%；企业实收资本 1 158亿元，占全国的 9. 2%；营业收入 1 109. 58 亿元，占全国的 11%；利润总额 181. 67 亿元，占全国的 18. 5%。个体运输户数达 164 122 户，占全国的 2. 6%；个体运输从业人员达 22. 37 万人，占全国的 2. 4%；个体运输营业收入达 293. 44 亿元，占全国的 3. 8%；缴纳税费合计 11. 90 亿元，占全国的 2. 4%。全社会客运量202 414万人，旅客周转量 1738. 21 亿人公里，分别占全国的 11. 5% 和 10. 7%；全社会货运量 156 094万吨，货物周转量4 148. 54亿吨公里，占全国的 9. 1% 和 6. 0%。

广东交通运输业主要有以下特点。

1. 行业结构趋向优化,新兴行业成为重要增长亮点

广东已形成由铁路、公路、水运、民航、管道五种运输方式组成的综合运输体系。第一次全国经济普查资料显示,2004 年,广东6 582户交通运输企业中,铁路运输企业 14 户,公路运输企业3 278户,水上运输企业 804 户,航空运输企业 80 户,管道运输企业 5 户,装卸搬运及其他交通运输企业2 401户。在六大交通运输行业中,以运输代理服务为主要标志的现代物流业发展迅速。数据显示,广东装卸搬运及其他交通运输业企业单位个数比 2001 年增长 4. 8 倍,从业人员增长 2. 6 倍,其中的运输代理服务业占了八成以上。

如表 3-2 所示,2004 年末,广东全省运输线路总里程达到948 359公里,其中,铁路营业里程1 875公里,公路通车里程111 453公里,内河航道里程13 596公里,民用航空航线里程819 626公里,输油气管道里程1 809公里。五种运输方式中,铁路,水运、民航、管道起着“线”的作用,公路则起着“面”的作用,各种运输方式之间通过公路路网联结起来,形成四通八达、遍布城乡的运输网络。在五大运输方式中,灵活、快捷、科学的公路、航空、管道运输线路里程快速延伸,它们分别比 2001 年增加 6. 4%、44. 1% 和 9. 9%,而铁路、水运由于受自然条件的限制,发展状况几近停滞。

广东交通运输线路网情况

表 3-2

运输方式	2001 年运输线路公里	2004 年运输线路公里	2004 年比 2001 年增长(%)	构成(%)
线路里程合计	690 863	948 359	37. 3	100. 0
铁路	1 885	1 875	-0. 5	0. 2
公路	104 799	111 453	6. 4	11. 8
水运	13 687	13 596	-0. 7	1. 4
民航	568 846	819 626	44. 1	86. 4
管道	1 646	1 809	9. 9	0. 2

交通运输配套功能到位。公路站场环境得到明显改善,做到以需求为导向,道路与公交配套,注重实用、服务与环保有机结合,已建成广州、深圳、湛江、汕头四个公路主枢纽。

2. 运输工具大幅增加,运力结构优化升级

2004 年末,广东全省民用汽车拥有量达到 305. 40 万辆,比 2001 年

增加 74.51 万辆，增长 32.3%，年均增长 9.8%。其中，私人汽车 200.13 万辆，占全部民用汽车的比重由 2001 年的 55.1% 上升到 65.5%。

广东省客运汽车向高速化、专业化、高级化迈进，货运车辆逐步实现重型化、专用化和厢式化，运输船舶向大型化、标准化发展，旅客列车向高速化和舒适化发展，民航飞机向大型化、安全化发展。据统计，目前广东高级客运汽车占全部营运客车总数的比重达到 66.7%，专用货车和集装箱汽车迅速增加，民用运输船舶平均载重吨位为 454.07 吨/艘，比 2001 年增加 215.51 吨/艘，列车时速不断刷新纪录，民航运输几乎全部为大型的高性能的民航飞机所替代。

3. 全社会运输量快速增长，运输结构发生变化

2004 年，全省各种运输方式共完成客运量202 414万人，旅客周转量1 738.21亿人公里，分别比 2001 年增长 13.3% 和 29.5%；完成货运量156 094万吨，货物周转量4 148.54亿吨公里，增长 18.6% 和 28.8%。

在货物运输中，铁路运输仍然起着大动脉、主干道的重要作用，承担着中长距离和重点物资运输的任务，但在各种运输方式中比重开始下降，2004 年铁路货运量和货物周转量占全部的比重为 12.5% 和 8.2%，比 2001 年分别下降 0.8 个和 1.0 个百分点；公路货物运输由于跨省干线通道打通和路网情况改善，近年有较大增长，市场份额有所上升，其货运量和货物周转量占全部的比重为 65.9% 和 15.8%，比 2001 年提高 0.2 个和 0.4 个百分点；水上货物运输由于中远、中海两大水运集团资产重组，战略重心北移，导致广东水上货运量所占份额减少 1 个百分点，但由于水上运输距离长，水运货物周转量仍然是广东货物周转量最主要的运输方式，其占全部货物周转量的比重达 73%，比 2001 年提高 1.5 个百分点。

在旅客运输中，由于近年民航界不断推出增加客流的措施，民航旅客运输量所占份额不断上升，2004 年民航客运量和旅客周转量占全部的比重为 1.2% 和 19.8%，比 2001 年提高 0.3 个和 3.4 个百分点；铁路由于长途客源下降，其客运量占全部的比重虽然比 2001 年微升 0.3 个百分点，但旅客周转量所占比重却下降 1.1 个百分点；公路客运以快速、灵活、短距离见长，在旅客运输中一直占有主要地位，其客运量占全部旅客运输量的比重高达九成。

4. 空间布局高度集中,地区集聚优势明显

由于珠江三角洲地区经济较发达,人口密度大,运输网络完善,因此广东交通运输企业大部分聚集在这一地区,并且因为规模较大,产生的运输效益也较明显。

第一次全国经济普查数据和有关年鉴数据显示,2004 年末,珠江三角洲地区公路网密度为 75.7 公里/百平方公里,高出全省 13.7 公里/百平方公里,人口密度为 5.9 万人/平方公里,高出全省 1.6 万人/平方公里,运输企业个数占了全省的 79.1%,从业人员占了 75.8%,营业收入占 91%,实现利税占 96.3%(表 3-3)。很显然,珠三角地区的营业收入和实现利税等营收指标所占比重都比单位个数和从业人员要高。

交通运输业分经济区域主要指标构成(单位:%) 表 3-3

区域	单位个数	从业人员	营业收入	实现利税
合 计	100.0	100.0	100.0	100.0
珠江三角洲	79.1	75.8	91.0	96.3
山区	8.7	8.2	2.2	—
东西两翼	13.2	15.5	6.6	3.7

5. 经济效益理想,盈利能力较强

第一次全国经济普查数据显示,广东交通运输业不但规模较大,资本运营效率也位居全国前列。2004 年,广东实收资本、营业收入和资产总额占全国的比重分别为 9.2%、11% 和 13.2%,但利润总额所占比重却达到 18.5%。广东交通运输业的资产收益率、营业利润率、劳动生产率等高过全国平均水平:每万元资产实现收益(利润和税金之和)540 元,这个数值高出全国平均水平 117 元;每百元营业收入实现利润 16.37 元,比全国平均水平高出 6.63 元;平均每个从业人员实现年营运收入 26.92 万元,比全国平均水平高出 9.30 万元。

(二)高速公路与经济发展的关系

广东经济的发展,基础设施起到了重要的作用。高速公路作为基础设施建设的重要组成部分,应该先行建设,其发展的速度必须与经济发展水平相适应,既要适当超前但又不能超出高速公路建设规模与地区经济发展存在着相互制约的关系。高速公路建设影响经济的发展。畅通的交通运输条件是经济发展的前提,高速公路以其快速、便捷、环境优越的特点在整个交通运输领域占据着举足轻重的地位,高速公路

的建设对经济起着极其重要的促进作用。

高速公路促进区域经济发展主要表现在以下几个方面。

1. 高速公路在综合运输体系中的作用

近年来,统计数据表明,公路交通所承担的客货运量和周转量在整个运输体系中的比重一直呈上升趋势。以全国为例,1995 年公路完成的客运量、旅客周转量、货运量、货物周转量分别是 1978 年的 6.98 倍、8.33 倍、11.03 倍、17.13 倍。公路完成的运输量在各种运输方式中是增加最快的一种,而同时铁路却呈较大幅度的下降趋势。“二战”后,经济发达国家十分重视发展高速公路,完成了以高速公路为主干的现代化公路网的建设。高速公路已不再是互不连接的分散线路,而形成国际化高速公路交通干线网,大大增加了高速公路在运输中的作用。由于高速公路设计车速高,通行能力大,实行全封闭,安全性能大大加强,又可充分利用各种先进监控管理设施,因而大大降低运输成本。在日本,约有 50% 的载货汽车利用高速公路;在美国,汽车完成的车公里中,高速公路上的比重约为 46%。数据充分显示,高速公路在整个综合运输体系中占有重要地位。我国高速公路正处于发展的黄金时期,截至 2000 年末,通车里程已超过16 000公里,其在综合运输体系中的作用是十分巨大的。

2. 高速公路与产业结构调整

所谓产业结构,是指经济结构中第一产业、第二产业、第三产业的比例关系。世界各国经济发展过程都证明:在国家或区域经济发展过程中,产业结构总处于动态演变之中,虽然不同国家和地区的产业特点和产业组成各不相同,但产业结构演变都遵循着普遍的规律,即随着经济的发展和人均国民收入的提高,劳动力将逐渐由第一产业向第二产业随后向第三产业转移;从国民经济各产业部门对生产要素的需要程度或密集程度而言,劳动密集型产业逐步向资金、技术密集型产业发展。技术密集型产业的规模和水平反映了一个国家科学技术水平和社会经济现代化程度,代表了一个国家和区域的经济实力。在世界各国公路发展经历传统建设—高速公路及主干线公路建设—高等级公路网完善的过程中,各国经济产业结构基本遵循了这一发展规律。广东省是中国经济发展速度最快的省份,高速公路的发展走在全国的最前列,同时目前也面临着产业的调整。因此,高速公路的发展应起到非常关键的推动作用。

3. 高速公路与土地升值

经济学的稀缺性规律说明,在一个国家、区域的一定历史发展阶段及经济技术水平下,人类可以利用的土地资源数量是有限的。一般情况下,土地的价格是由它的使用价值来确定的,土地价格围绕着价值上下波动。土地使用价值由于其自然属性和社会属性的不同因而在价格上反映出很大差距,这一点尤其在城市或高速公路两侧一定区域内得到更加明显的体现。从经济学角度而言,级差地租理论表明距离城市越近的土地地租越高,其使用价值越大。从自然角度而言,土地是不可移动的。但是如果从社会经济角度评价时,土地是可以“移动”的,即由于与社会经济客体相对位置改变而产生相对意义上的空间位移。高速公路的修建,使一块土地由远离交通线、枢纽线、空间可达性差而变得交通便利,空间可达性大大增强,新城市、工厂的建立,使附近土地产生空间位移,从而导致土地使用价值的大幅度提高。

4. 高速公路与经济空间结构合理化

所谓经济空间结构是指社会经济客体在空间中相互作用所形成的空间集聚程度和集聚形态。从区域经济学角度而言,它包括多种类型的经济客体,如农业、工业、城镇居民点、公路和通信设施、文化及商业供应设施等。在这个“空间”中不断发生着商品生产,原料和成品的运输,信息的传播,商品销售等。其中每一种客体及其相互间产生的运动现象,都会形成一种空间势态,它们在整体中的结合关系便产生一种多重空间。在空间结构的各经济客体中,高速公路及通信设施担负着空间产品的运输交流与信息交流,对区域经济空间结构的合理运动起着润滑和枢纽作用。如果缺乏高速公路及其基础设施,区域的经济空间就无法进行运转,其他多种类型的经济客体就不能正常实现其功能,区域经济就不能发展。高速公路对区域经济空间的促进作用一般表现为当其与社会经济客体达到最佳空间吻合时,就能最大限度地发挥高速公路的区域经济组织作用,促进区域经济的发展。一般而言,当两城市间修建某条高速公路时,在公路两个端点的城市,由于公路交通促进物资交流,必然加快城市经济空间内以城市为中心的迅速发展,即“点—圈”经济空间结构模式的产生。同时在高速公路两侧,由于受公路的影响,物资、信息流动速度的加快,必然产生带状的经济发展区域(即高速公路产业带），产生"点—轴"经济空间结构模式。这两种模式的建立及其运作效率与城市发展潜力有着极其密切的关系，都不同程度体现了社会经济空间组织的有效形式和合理化发展趋势。

（三）广东交通未来发展

广东省经济在未来发展过程中，需要保持全省经济的稳步增长，粤东、粤西、粤北地区与珠江三角洲地区经济发展需要均衡，经济结构有待于优化。山区和东西两翼交通建设力度需要加强。广东发达的交通运输业主要集中在珠江三角洲地区，山区和东、西两翼由于经济基础薄弱，交通建设资金筹集困难等原因，交通运输业发展相对比较缓慢。2004 年，广东山区和东、西两翼的公路网密度仅为 57. 5 公里/百平方公里和 59. 7 公里/百平方公里，比珠江三角洲地区低 18. 2 公里/百平方公里和 16. 0 公里/百平方公里，山区和东西两翼的公路路面等级、硬化水平和通达程度也较低。交通建设滞后，一定程度上制约了当地经济的发展，影响当地就业水平。经普查数据显示，2004 年，广东山区和东、西两翼的交通运输企业个数占全省同行业的比重分别只有 8. 7% 和 13. 2%，从业人员只有 8. 2% 和 15. 5%，营运收入只有 2. 2% 和 6. 6%，两个区域实现利税合计只占全省的 3. 7%。因此，建设广东东北地区高速公路网络势在必行。

第二节　兴畲高速公路项目基本情况

一、立项与审批

兴宁市兴（城）至梅县畲（江）段高速公路（以下简称兴畲高速公路）是改善山区交通条件和投资环境，促进区域经济协调发展的高速公路项目，是广东省高速公路主骨架的重要组成部分。广东省发展及改革委员会于 2005 年 9 月 14 日以粤发改交［2005］725 号文批复了项目申请。兴畲高速公路已列入广东省重点工程建设项目。

兴畲高速公路位于粤东北地区梅州市，是国家重点公路汕（头）昆（明）公路在梅州境内的便捷通道，也是广东省高速公路网规划的组成部分，它将汕梅高速公路与梅河高速公路有机连接在一起，缩短了潮汕地区与粤东北地区的交通运输距离。

兴畲高速公路采用全封闭、全立交收费控制出入的双向4车道高速公路标准，计算行车速度为100公里/小时，路基宽度24.5米，桥涵与路基同宽，桥涵设计汽车荷载等级为公路—I级，地震峰值加速度系数为0.05g，设计洪水频率为1/100。路线起于兴宁市坜陂互通（接梅河高速公路程江至华城段），终于梅县畲江镇（接梅汕高速公路畲江互通），全长25.735公里（根据本项目《交工验收工程质量检测报告》）。途经兴宁市永和镇、坭陂镇、新圩镇、水口镇、梅县畲江镇，跨越的主要河流有宁江支流、梅江，跨越的公路主要有206国道、大大路，两次上跨广梅汕铁路。

兴畲高速公路项目由广东梅河高速公路有限公司负责建设管理，该项目在初步设计批复后进行招标，土建部分划分为两个土建工程设计施工总承包合同段和一个跨广梅汕铁路桥梁施工合同段，总承包合同段的投标人通过组建联合体的方式进行投标，一家施工单位联合一家设计单位组成联合体，施工单位为主办方。广东晶通公路工程建设集团有限公司和铁道第四勘察设计院联合体、广东省长大公路工程有限公司和华杰工程咨询有限公司联合体分别承担该项目一、二标土建工程设计施工总承包建设任务，中铁二十五局集团有限公司承担跨广梅汕铁路桥三标合同段建设任务，广东翔飞公路工程监理有限公司担任土建监理工作。

兴畲高速公路项目于2006年11月9日举行动工仪式，计划于2008月底建成通车。

二、工程地理位置与水文气候

1. 地理位置

兴畲高速公路位于广东省东北部，路线起自梅畲高速公路的畲江互通，终于兴宁的坜陂镇，与程江至华城段相接。途经梅州市的梅县、兴宁，跨越的主要公路有国道206，并与广梅汕铁路有两次交叉，跨越的主要河流有梅江。

2. 地形、地貌特征

本地区丘陵山地广布，丘谷相间，地势起伏较大，河网密布，水能资源较为丰富。路线穿越的主要地貌类型有平原（盆地）、阶地、台地、丘陵、山地等。

(1)平原(盆地)。兴宁盆地位于宁江下游,面积约320平方公里,为梅州最大的盆地,盆地中夹杂有台地、丘陵。

(2)阶地。主要分布于河流两岸或平原边缘,属于阶级状地形,阶地平坦或微倾斜,在梅江、宁江沿岸均有两级或三级断断续续的阶地分布。

(3)台地。介于丘陵与平原之间的过渡地貌类型,主要由砂页岩、红色岩系、变质岩、花岗岩和喷出岩构成,梅县、兴宁均有分布。

(4)丘陵。丘陵多分布于由山前地带、谷地和盆地的边缘,主要由砂页岩、红色岩系、变质岩、花岗岩、喷出岩和石灰岩构成,按海拔高度可细分为低丘陵(海拔80~250米)、高丘陵(海拔250~400米),梅县、兴宁均有分布。

(5)山地。以中低山地为主,属于幼年期地貌,发育过程受地质构造控制,岭谷排列方向与构造线基本一致,尤以东北至西南向排列的山脉和河谷最为明显,山岭高峻而长延;西北至东南向的则其次,延伸不长,山峰较矮。根据岩性可分为5类:砂页岩山地地势较低,以低山为主,主要分布于兴宁县与平远县之间的四望嶂一带和五华县南部、梅县东南部;红色岩系山地仅分布于平远县的五指石和石正北面的南台山及丰顺县西部汤西和下八乡一带;变质岩山地分布于东南部及西北部两列山地中,底部为花岗岩侵入体,地势较高,构成陡峻的山体,如项山嶂一带的山地中;花岗岩山地主要分布于大埔、丰顺、五华、兴宁、平远等县的东北至西南走向的两列山地,山岭陡峻,山坡较陡;喷出岩山地主要分布于平远县以及平远县和蕉岭县的北部以及丰顺县的东南部,如平远县的尖山、鹅石,梅县的明山嶂、丰顺五华交界的鸿图嶂。

3. 区域地质特征

(1)地层。区域地层自上远古界至中生界下三叠统,主要为海相沉积,中生界侏罗系之后为陆相沉积,沉积厚度较大,出露地层由老至新简介如下:

①震旦系。分布于梅州市北部、中西部,是一套浅变质系,组成本区褶皱基底。主要岩性为变质砂岩夹板岩、变质砂页岩、页岩互层夹硅质岩及少量炭质千枚岩,中部夹中基性火山岩,上部夹凝灰质砂岩、流纹斑岩。

②寒武系。分布于梅州市北部、北西部,下部为石英砂岩、粉砂岩,

上部为页岩、粉砂质页岩，顶部为长石石英砂岩、绢云母页岩、砂质页岩互层夹炭质页岩。

③泥盆系。分布于梅州市北部、区内仅见中上统，不整合与震旦系、寒武系之上。

a. 中统老虎坳组：中粒石英砂岩、页岩、砂质页岩，底部为沙砾岩。

b. 上统双头群：含砾粗砂岩及中—粗石英砂岩、细砂岩，夹泥质粉砂岩。

④石炭系。分布于梅州中部、北部，可见下统忠信组、中统黄龙组、上统船山组。

a. 下统忠信组：砾岩、砂砾岩、石英砂岩、页岩夹劣质煤层。

b. 中统黄龙组：灰岩、白云质灰岩、白云岩。

c. 上统船山组：灰岩，局部夹白云质灰岩、白云岩，常含燧石结核或条带。

⑤二叠层。分布于梅州市中部、北部，其岩性如下。

a. 下统栖霞组：微粒灰岩夹炭质灰岩及灰质页岩。

b. 下统孤峰组：页岩、粉砂质页岩、细砂岩、粉砂岩、含磷铁锰质结核，局部夹泥质岩。

c. 上统龙潭组：页岩、粉砂质页岩、细砂夹炭质页岩及可采煤层。

d. 上统大隆组：页岩、粉砂质页岩夹钙质砂岩，硅质页岩。

⑥三叠层。零星分布于梅州市中北部。岩性为上统小坪组的石英砂砾岩、砂岩、粉砂岩、黑色页岩夹可采煤层。

⑦侏罗系。区内广泛出露，主要岩性如下。

a. 下统金鸡组：石英砂岩、长石石英砂岩、细砂岩与页岩互层，局部夹安山岩及安山质凝灰岩。

b. 中统漳平群：第一亚群为凝灰岩、凝灰质粉砂岩夹砾岩、长石石英砂岩、粉砂岩及页岩；第二亚群为细——中粒石英砂、粉砂岩。

c. 上统高基坪群：第一亚群为凝灰质碎屑岩夹火山岩；第二亚群为中性火山岩夹沉积及铁矿层；第三亚群为酸性火山岩夹沉积岩；第四亚群为中酸性火山岩夹沉积岩及铁矿层。各亚群之间皆为喷发不整合。

⑧白垩系。区内广泛出露，主要岩性如下。

a. 下统草官湖群：第一亚群为凝灰质砾石、砂砾岩、砂岩夹凝灰岩；第二亚群为流纹质凝灰岩、角砾凝灰岩。

b. 上统南雄群：下部砾石含砾砂岩夹泥质岩，中部砂质泥岩、泥质砂岩，上部泥岩、泥质砂岩夹粗砂岩及砾砂岩。

⑨下第三系。分布于梅州市大部，岩性为砾岩、砂砾岩、细砂岩、粉砂岩。

⑩第四系。多见于山坡、谷地残坡积、河漫滩、阶地。

a. 第四系全新统冲洪积层：分布于河漫滩及阶地上，主要为含砂低液限粉土、卵石夹土层、漂石夹土层，局部可见砂土夹层，厚度小于30米。

b. 第四系全新统坡洪积层：分布于谷坡下部缓坡与河谷交界处，主要由块石质土组成，厚度小于30米。

c. 第四系全新统残坡积层：分布于陡立谷坡和坡脚及半山坡低凹处，主要由当地基岩风化残积物和碎块石组成。

（2）区域地质构造。

①褶皱构造。兴畲高速公路处于华南褶皱系的南部，境内包括两个三级构造单元，一是永（安）~梅（县）~惠阳拗陷，拗陷沉积了一套中泥盆统到下三叠统地层，形成了一系列沉积矿藏；二是粤东岩浆裂陷带，即从莲花山断裂带至南东沿海一带，形成北东向和北西向许多断陷盆地。结合线位位置，具体情况如下。

a. 梅州向斜：近于东西向，核部位侏罗系粉砂岩、砂质泥岩互层。

b. 南口背斜：呈北西至南东向，核部为泥盆系变质岩及侵入岩体，路线从中部及南部穿过。

c. 华城背斜：呈北西至南东向，核部为古生界变质岩及岩浆侵入体，路线从背斜中部穿过。

②断裂构造。主要有三组断裂构造带，现分述如下。

a. 北东向断裂：主要有莲花山断裂带。

莲花山断裂带：自南西面海丰经揭西县进入丰顺、梅县、大埔延于福建真至浙江，长达1 000公里以上。莲花山断裂带是中国东南部一条十分重要的地质构造界线，在侧区范围内还有多条北东向平行分布的压性断裂，主干断裂是阴那山断裂与铜鼓嶂断裂，并伴随一系列同向线褶皱。

b. 东西向断裂：属于南岭纬向构造体系得组成部分。在平远、焦岭控制着震旦—寒武系和葫芦岗岩体的展布；在丰顺丰良、潘田一带东西向构造控制着一系列火山岩盆地的分布。

c. 北西向断裂：大埔有多条平行断裂，其间有同向线形褶皱；兴宁经丰顺到汕头牛田洋入海的北西向断裂，控制了一系列的热矿泉。

4. 地震

(1)地震时间分布。

明万历20年(1592年)，程乡、平远、长乐发生地震。

1918年2月13日，南澳发生地震。

1976年6月初，蕉岭华侨农场发生2.7级地震。

1981年5月6日晚，新田公社发生轻微地震。

1987年8月2日，寻乌县发生5.5级地震，平远，蕉岭有震感。

(2)地震基本烈度。根据中华人民共和国国家标准《中国地震参数区划图》(GB 18306—2001)，项目所在地区地震动峰值加速为0.05g，反应谱特征周期为0.40秒。根据地震动峰值加速度对照表，依据现行《公路工程抗震设计规范》(JTJ 004—89)，按Ⅵ度进行路线、桥涵抗震设防。

5. 水文

(1)水系。测区内主要有韩江水系，包括梅江、宁江等韩江一、二级支流。

①韩江：广东省第二大河流，发源于紫金县武顿山坪子洋，沿莲花山北自西南向东北流至琴江口汇北琴江，至大坝大湖汇五华河，于兴宁水口汇宁江，在畲坑进入梅县汇程江于梅城，汇石窟河于丙村，汇松源河于松口，折向南流入大埔，于三河坝汇汀江后始称韩江，流经丰顺，经丰顺孤山再入潮州市竹竿山进汕头注入南海，全长470公里，流域面积30 112平方公里，河床比降0.04%，落差164米。

②梅江：韩江上游，全长307公里，流域面积13 329平方公里，流入梅江的主要河流有琴江、五华河、宁江、程江、石窟河、松源河等韩江一级支流。

③宁江：韩江一级支流，发源于江西寻乌县荷峰畲，流经罗岗、坪洋于合水汇黄陂河、于龙田汇石马河，经过兴宁县城于坜陂汇永和水，在水口流入梅江。全长107公里，流域面积1 364.8平方公里，河床比降0.119%。

(2)地下水。区内地下水按成因类型可分为孔隙水、基岩裂隙水、岩溶水以及裂隙构造水，分述如下。

①孔隙水：区域孔隙水主要分布于松散层的孔隙含水层中，含水率

因松散层厚度不同而有所差异。

②基岩裂隙水:主要分布于基岩裂隙中,含水层厚度受当地基岩风化程度控制,多以泉眼形式露头。

③岩溶水:主要分布于可溶岩类的孔洞中,具有不均一性。

④裂隙构造水:主要分布于断裂破碎带,并形成温泉。兴宁市叶南汤湖泉群处于兴宁断裂带上,五华县转水汤湖泉群处于五华县冲断层与华城断裂的交汇处。泉量较大的有如下几处。

a. 江南温泉:在横陂西南部,共有温泉 5 处,水温 85℃,有硫黄气味。

b. 排岭温泉:在平南区黄泥寨,泉量为每秒 0.2 立方米,水温约 70℃,温泉水域面积约为 490 平方米。

c. 围龙温泉:在转水区围龙村,水温 90℃ 左右,温泉水域 70 平方米。

区内地下水水质类型 pH 值介于 6.3 ~ 8.2 之间,卫生条件较好,对混凝土无腐蚀性,可作饮用及施工用水。

6. 气象

(1)气候条件。该区域位于较低纬度,临近南海、太平洋,又受山区特定地形影响,形成了夏季长,冬季短、气温高、光照充足、雨水充沛、雨量集中、气候差异大、地形小气候突出等特点。

(2)气温。梅州市年平均气温 20.6 ~ 21.4℃,年平均气温年际变化约 1℃左右,气温随地形抬升逐渐降低,在海拔 500 米以上山地平均气温 18℃以下,是相对冷区。最热月平均气温 28.3 ~ 28.6℃,最冷月平均气温 11.1 ~ 11.3℃。

(3)降水。梅州市年平均降水 1 483.5 ~ 1 698.3 毫米,雨量充沛,丘陵山地多于盆地,迎风坡多于背风坡,降水量年际变化大,季节性变化也很大,雨季旱季分明,4 ~ 9 月是雨季。10 月至来年 3 月是旱季。虽然暴雨不多,但是由于山丘广布,集水面积大,河溪弯曲狭小,泄洪能力差,加上局部降水强度大,暴雨常常造成山洪暴发,河水泛滥,水灾比较突出。

(4)风。梅州市每年 10 月至来年 3 月盛吹偏南、偏东风,致使冬季干燥,夏季湿热多雨。年平均风速 0.9 ~ 2.1 米/秒,大风天气不常出现,主要是由雷雨大风和热带气旋造成的。

(5)日照。日照降水量和相对湿度有密切关系。一般而言:降水量多、相对湿度大的地方,云量多,日照少;相反,日照多。另外,还受太阳高度角的影响,冬季,太阳高度角最小,白昼短,日照时数减少,夏季太阳高度最大,白昼长,日照时数多。

梅州市年平均日照数1 714 ~2 011小时,日照数年际变化较大,多寡可相差1倍以上,最多年份日照时数2 167 ~2 638小时,最少年份只有1 364 ~1 690小时。

三、建设规模与技术标准

(一)技术标准

兴畲高速公路按照《公路工程技术标准》(JTJ 001—97)的规定,采用全封闭、全立交收费控制出入的4车道高速公路标准,详见表3-4。

主要技术标准表 表3-4

序号	技术指标		指标值
1	计算行车速度		100公里/小时
2	路基宽度		24.5米
3	平曲线最小半径		一般值:700米,极限值:400米
4	不设超高最小半径		4 000米
5	缓和曲线最小长度		85米
6	平曲线间最小直线长度		同向曲线600米,反向曲线220米
7	直线最大长度		一般不大于2 000米
8	最小停车视距		160米
9	最大纵坡		4%
10	最短坡长		250米
11	竖曲线一般最小半径		凸形10 000米,凹形4 500米
12	设计洪水频率		路基及一般桥涵1/100,特大桥1/300
13	设计车辆荷载		汽车—超20级,挂车—120
14	通道净空	人行通道	净高2.2米,净宽4.0米
		机耕通道	净高2.7米,净宽6.0米
		汽车通道	净高3.5米,净宽6.0米
15	分离立交净空	高速公路和一、二级公路	净高5.0米,净宽按公路等级
		三、四级公路	净高4.5米,净宽按公路等级
		广海汕铁路	净高8.3米

第三章

(二)建设规模及主要技术经济指标

兴畲高速公路全长25.735公里,其主要经济技术指标详见表3-5。

主要技术经济指标表　　表3-5

序号	项目名称		单位	工程数量	备　注
1	公路等级		—	高速	
2	计算行车速度		公里/小时	100	
3	预测交通量		pcu*/天	28 599	2026年路段平均交通量
4	建设里程		公里	25.735	
5	最小平曲线半径		米/个	1 120/1	
6	最大纵坡		%/处	3.3	
7	竖曲线最小半径	凸型	米	10 000	
		凹型	米	4 500	
8					
9	路基宽度		米	24.5	
10			—	Ⅵ	
11	设计洪水频率	特大桥	—	1/300	
		路基、桥涵	—	1/100	
12	设计荷载			汽车—超20级,挂车—120	
13	大桥		米/座	8	
14	中桥		米/座	9	
15	小桥		座	5	
16	涵洞		道	101	

注:* pcu是折算成标准小汽车的换算单位。

四、路线走向

根据兴畲高速公路施工图,项目起于兴宁市坜坡互通(接梅河高速公路程江至华城段),经永和镇、坭陂镇、新圩镇、水口镇、下堡镇、畲江镇,终于梅县畲江镇(接梅县高速公路畲江互通),全长25.735公里。

五、项目特点

兴畲高速公路规模相对较小、路线短、但结构物多。地形、地质情况较为复杂,高山、深谷、滑坡、崩塌相对较多,虽对路线的总体影响不大,但对局部小区域有影响;沿线穿越兴宁市规划工业园区,对工业园区有一定的影响。经过河流较多,桥梁、通道、立交等各种形式的结构物也较多。兴畲高速全线途经梅县、五华县和兴宁市,需征用土地共

2 251亩，但大多属于山区土地，有利于拉动山区区域经济发展。

兴畬高速公路是交通部推广设计施工总承包模式的试点项目，由广东梅河高速公路有限公司（以下简称梅河公司）负责建设管理，该项目在初步设计批复后即进行招标，土建部分划分为两个土建工程设计施工总承包合同段和一个跨广梅汕铁路桥梁施工合同段，总承包合同段的投标人通过组建联合体的方式进行投标，一家施工单位联合一家设计单位组成联合体，施工单位为主办方。这是一种全新的管理模式，积极实践、探索和总结在设计施工总承包模式下的质量管理是兴畬项目试点任务中的重要一环。

第三节　兴畬高速公路沿线基本情况

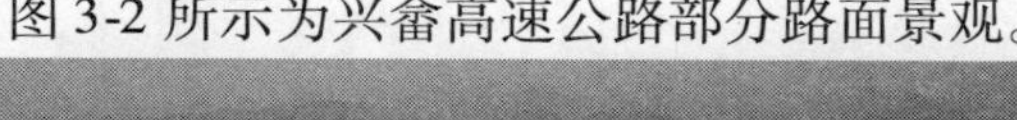

图 3-2 所示为兴畬高速公路部分路面景观。

图 3-2　兴畬高速公路部分路面景观

一、经济发展

广东省经济发展综述如下。

1. 经济增长持续加快，综合实力实现新跨越

（1）经济增速加快且稳定性好。十六大以来，广东地区生产总值（GDP）实现两位数以上的快速增长，2003～2006 年年均增长 14. 5%，

比同期世界和全国平均增速分别快9.6和4.1个百分点，也比1979～2006年均13.8%的增长率高出0.7个百分点，是改革开放以来广东经济持续快速增长的较好时期。

(2)经济实力稳居国内前列。2003～2006年，广东经济取得六个重大突破，即地区生产总值和储蓄存款双超2万亿元，规模以上工业增加值和第三产业增加值破万亿元大关，进出口总额和财政总收入分别超过5 000亿美元和5 000亿元。地区生产总值连续18年居全国首位。

(3)人均GDP达到世界中等收入国家水平。2006年，广东人均GDP 28 332元，比2002年增长63.3%，按现行汇率折算为3 554美元，按2000年不变价和汇率折算则为2 994美元，提前近14年基本实现国家提出的2020年全国人均GDP 3 000美元(2000年价格)的奋斗目标，达到同期世界中等收入国家平均水平。广东省产业结构比例见表3-6和图3-3。

广东省产业结构比例　　表3-6

项目	第一产业	第二产业	第三产业
1990年	24.70%	39.50%	35.80%
2002年	8.80%	50.20%	41.00%
2007年	5.69%	51.96%	42.35%

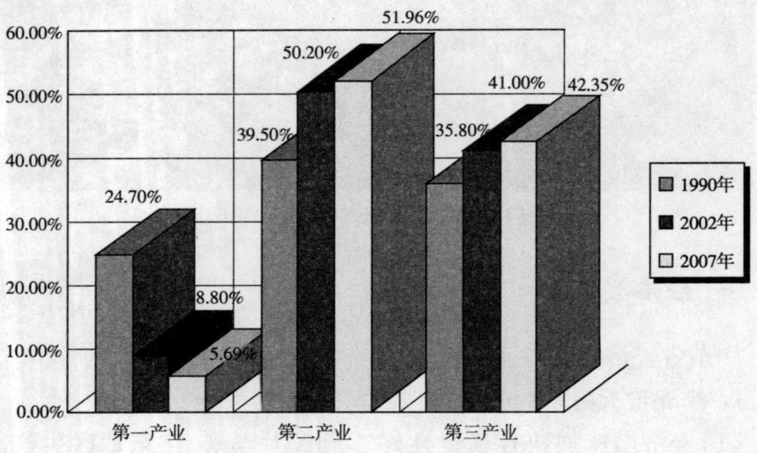

图3-3　广东省产业结构比例图

(4)第一、二、三产业布局进一步强化。第一、二、三产业结构由2002年的7.5∶45.5∶47.0转变为2007年的5.69∶51.96∶42.35,第二、三产业共同成为GDP增长的主要推动力。工业主导产业带动作用增强,高级化和适度重型化取得重大进展。2006年,九大产业增加值8 350.14亿元,比2002年增长1.8倍;占规模以上工业增加值的70.9%,比2002年提高1.9个百分点。高新技术产业发展迅猛,2006年,全省高技术制造业完成增加值2 849.42亿元,比2002年增长1.8倍,2003~2006年均增长29.4%;高新技术产品出口突破1 044.12亿美元,比2002年增长2.4倍,占出口总额的34.6%,比2002年提高8.5个百分点。液晶平板显示器项目全面启动,数控机床、医疗器械、船舶等领域国产化取得重大进展。全省规模以上轻重工业增加值比重由2002年的49∶51调整为2006年的40∶60。物流、会展、电信、金融、文化等产业快速增长,服务业增加值跃上万亿元新台阶。旅游总收入超过2 000亿元,约占全国的1/4。

2. 区域、县域经济发展良好,"大珠、泛珠"合作卓有成效

(1)珠三角、东西两翼和山区市四大区域齐头并进。2003~2006年,珠三角、东西两翼和山区五市,GDP年均增长分别达到16.7%、11.0%、12.7%和15.1%。山区的发展变化格外引人注目。2006年,山区五市GDP合计1 690.54亿元,比2002年增长75.6%;地方一般预算收入84.58亿元,是2002年的1.3倍,年均增长23.7%,占全省的比重由2002年的3.0%上升到2006年的3.9%。特别是近年来,山区固定资产投资、进出口、规模以上工业增加值等指标均保持较高的增速,不仅远远大于全省的平均增速,而且超过珠三角地区的年均增长;东西两翼也表现不俗,包括GDP、投资、消费等在内的主要指标快于全省均速。

(2)县域经济高速发展。2006年,全省67个县(市)完成生产总值4 659.86亿元,2003~2006年年均增长11.8%。其中,有15个县(市)生产总值超过100亿元;60个县(市)生产总值增幅达10%以上。县域实现地方财政一般预算收入150.56亿元,年均增长18.4%,远远超出11.5%的预订目标。67个县(市)中,有89.6%的县达到生产总值增长10%的目标,95.5%的县达到地方财政一般预算收入增幅目标。

(3)CEPA和泛珠合作向纵深推进。粤港澳以制造业、服务业和口岸通关为重点的合作全面开展,联合推介大珠三角、泛珠三角活动成效显著。深港西部通道建设顺利,珠澳跨境工业区投入运营。2003~2006年,

广东实际引进港澳资金累计275.09亿美元，占同期全省实际利用外资总额的52.4%；广东对港澳的出口累计3 189.24亿美元，占同期出口总额36.1%。粤港澳旅游和港澳同胞入境旅游不断升温。2003～2006年，广东赴港澳旅游人数累计517.05万人，约占全国同类游客的九成。泛珠三角区域合作取得重要进展，与“9＋2”各省区共同制定并实施区域交通、能源、科技、信息化、环保等5个合作专项规划，与广西、四川、湖南签署了合作共建无障碍旅游区协议，编制完成横琴经济合作区总体规划。泛珠三角区域合作积极推进。在三届泛珠三角区域经贸合作洽谈会上，广东共签约项目2 078个，合同金额达3 282.2亿元。

二、工业布局

（一）区域经济发展概述

改革开放30年，广东区域经济发展各具特色。珠江三角洲地区一马当先，成为改革开放的排头兵，东西两翼与山区亦呈现出加快发展的良好势头。珠江三角洲（简称珠三角，下同）经济区是广东经济发展的“龙头”，呈现出工业化、城市化、信息化和国际化互动共进的良好格局，是国内乃至世界最具生机与活力、经济增长最快的地区之一。进入21世纪，珠三角的龙头地位得到提升，与港、澳经济关系更加紧密，发展动力更加充足，市场机制得到创新，辐射能力进一步增强。

1. 山区五市急起直追，渐入佳境

（1）经济发展步伐加快，综合实力显著增强。韶关、梅州、清远、河源和云浮这粤北山区五市生产总值1978年为35.86亿元，到2007年增加到2 075.36亿元，是1978年的57.9倍；从1992～2007年，年均递增11.5%；地方财政一般预算收入由1978年的3.48亿元增加到2007年的110.03亿元，年均递增12.6%，高于东翼和西翼地区。

（2）产业优化升级，外贸业绩突出。1978～2007年，山区五市产业结构逐步优化升级，第二、三产业协调发展。第三次产业结构从1978年的45.4∶33.9∶20.7转变为2007年的17.2∶49.4∶33.4。由以农业为主转变为以第二、三产业推进，第三次产业齐头并进的新格局，工业增速迅猛。

（3）投资持续增长，交通网络发达。改革开放以来，山区五市社会基础设施投资力度不断加大。2007年，山区五市完成全社会固定资产投资1 187.27亿元，比1978年增长254倍，年均增长21.1%；分别高出东翼和西翼的 68.2% 和 133.4%。大批能源、交通、通信、城市基础设施项目相继竣工并发挥效益。

(4)农村经济稳步发展,物资丰富市场繁荣。从改革开放起,山区五市一直狠抓特色农业、效益农业和现代农业的发展,形成了一批规模大、效益好的农产品生产基地,农业产业化程度持续提高,农业现代化示范区建设进展顺利。

2. 四大区域发展差距拉大,补齐短板迫在眉睫

经过 30 年的发展,广东四大区域经济尽管都有巨大改观,但从横向比较,仍存在一些不足。一是经济总量差距拉大。2007 年,东翼、西翼和山区五市 GDP 只相当珠三角的 7.9%、9.1% 和 8.1%;与 1978 年的 25.4%、29.8% 和 36.8% 相比,下降明显。其中,东翼下降 17.5 个百分点,西翼下降 20.7 个百分点,山区五市下降 28.7 个百分点。二是产业发展不均衡。2007 年珠三角第一产业增加值的比重从 1978 年的 28.3% 下降为 2.4%;而东翼、西翼和山区五市第一产业增加值的比重仍分别占 9.8%、21.6% 和 17.2%。产业结构调整的任务依然很重。

在未来的发展中,既要按比较优势配置国内、国外两种资源,降低成本递增效应,又要逐步改变比较优势格局,最大限度寻求生产要素内源化。要积极利用外资,吸收国际上一切先进技术;继续调整工业产业结构,加快完成重工化进程,为第三产业发展积累资本和创造服务领域;要大力发展现代服务业,提升第三产业层次,并且先进地区要帮助和带动落后地区共同发展,尽快补上广东经济发展中地区差距这块短板,全省经济才能较均衡发展。

(二)梅州工业布局

1. 改变模式,优化环境,强力推进山区新型工业化

目前,梅州积极转变发展模式,全力优化发展环境,工业发展向集群型、节约型、环保型的山区新型工业化强力推进。

近年来,处于核心位置的"工业梅州"取得长足发展:水泥、球阀、中式低害卷烟、电声、电力等生产基地正在崛起;畲江、蕉华等 10 个产业转移园建设正在进行,2 000 多家新投产企业生机蓬勃;工艺、纺织、木业、日用陶瓷等传统产业重新活跃。

2. 四大产业协力发展

在"工业梅州"发展战略的实施中,当地政府提出了"以四大产业为

支柱、八大骨干企业为重点”的工业发展新格局，通过采取资金优先、资源优先、技改优先、服务优先等扶持措施，推动龙头企业发展，并对市场潜力大的精深加工、高科技、外向型企业，在技改贴息、财政补助、资源综合利用等方面重点扶持，打造出山区工业发展的一条鲜明主线，一改梅州工业长期低位徘徊发展的状况。

当地政府根据国家产业结构调整导向，加快发展电子信息、机电装备制造业、铜系列加工和生物医药四大新兴产业，并通过向传统企业注入新理念、新技术、新工艺，有效提高企业盈利能力和劳动生产率，工业企业高效运行的格局开始形成。

3. 强化园区推动产业集群

规模化、集群化经营是现代工业发展的一个必然趋势，可以有效解决产业配套以及优化上下游产业链的供需问题。

集中力量，突出重点，注重特色，整合资源，抓好东升、畲江、蕉华、扶大等省级经济开发区和 8 个县域工业园区（基地）建设，初步形成了以电子信息、电声、机电为主的一批产业群。东莞石碣（兴宁）和深圳盐田（梅州）两个产业转移工业园获省认定。

三、产业发展

2007 年梅州市生产总值 410.69 亿元，比上年增长 12.5%，其中第一产业增加值 90.37 亿元，增长 4.5%；第二产业增加值 177.44 亿元，增长 12.2%；第三产业增加值 142.88 亿元，增长 18.0%。经济结构调整取得新进展，2007 年生产总值中三次产业构成为22.00∶43.21∶34.79，对比“九五”末期的 2000 年，第一产业比重下降 9.04 个百分点，第二产业比重上升 8.21 个百分点，第三产业比重上升 0.83 个百分点。2007 年全市税收收入 71.2 亿元，比上年增加 12.6 亿元，增长 21.5%。

2007 年交通运输、仓储、邮政业完成增加值 12.81 亿元，比上年增长 5.2%。各种交通运输方式完成货物周转量 60.15 亿吨公里，增长 5.6%，其中公路49.41 亿吨公里，增长 9.1%；完成旅客周转量48.20 亿人公里，增长 2.9 %，其中公路 44.96 亿人公里，增长 2.4 %。

2007 年末全市汽车保有量 63 932 辆（包括三轮汽车和低速货车 951 辆），其中私人汽车保有量47 022辆；民用小汽车保有量36 427辆，其中私人小汽车28 696辆。图 3-4 为梅州与全省不同时期发展 GDP 增

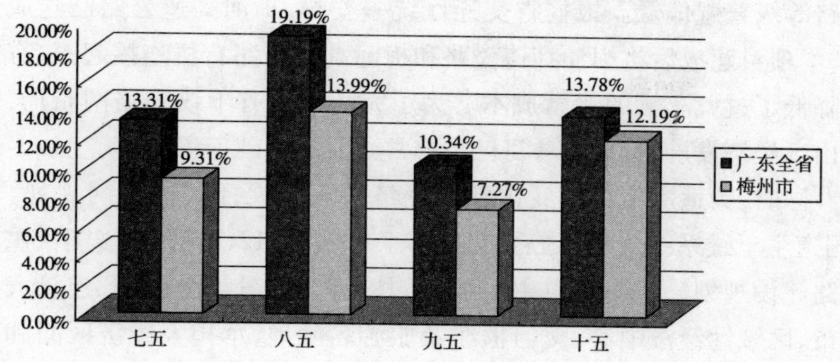

图 3-4　梅州与全省不同时期发展 GDP 增长率比较图

长率比较图。

梅州市初步形成较为发达、多层次、多类型的立体交通网络，实现了到汕头市、广州市、深圳市通高速公路，基本实现了行政村的村村通公路、通电话、通广播、通电视，85. 4% 的乡道实现水泥硬底化。全市实现了梅州市区到各县(市、区)县城一小时交通圈的目标。年末全市公路通车里程达15 261公里，比上年增加 396 公里(含当年新建未经省验收的乡村公路)，全市高速公路通车里程 226. 3 公里，每百平方公里公路密度达 96. 16 公里。

梅州市人口出生率为 10. 46‰，死亡率为 5. 48‰，自然增长率为 4. 98‰。公安部门统计全市年末户籍人口为 503. 36 万人，其中非农业人口 123. 79 万人。

第四节　兴畲高速公路建设的目的与意义

一、建设目的

1. 完善干线公路网布局的需要

为适应经济快速发展的需要，广东省不断加大基础设施的建设力度，2001 年底，广东省高速公路通车里程已达1 500公里，广州到各地级市之间基本以高速公路相连，但是在粤东北经济落后的山区，还没有一条高速公路直达省会城市广州，区域内干线公路以二级公路为主，其他公路等级普遍偏低。根据省交通厅统一安排,梅河高速公路已建成通车,本项目建成后将梅汕高速公路和梅河高速公路有机连接起来,有效地降低了过境车辆的运营成本。为了完善广东省干线公路网布局,促进山区经济发展,建设本项目已是非常必要的基础工程。

同时,为适应新世纪我国社会经济快速发展,继《国道网规划》和《国道主干线系统规划》之后,交通部于 2001 年 12 月制定了《国家重点公路建设规划》,它与国道主干线共同构成全国骨架公路网,连接大中城市、区域性经济中心、交通枢纽及旅游名胜地,承担大经济区间和省际中长距离的客货运输,为全国及区域经济发展服务。根据重点公路建设规划,共有 13 条纵向线路和 15 条横向线路,本项目是第 14 条横向路线汕头至昆明的梅州境内的便捷路段,因此,本项目的建设也是完善国家干线公路网布局的需要。

2. 加快山区开发,促进全省共同富裕的战略需要

广东省要加快山区开发步伐,增强东西两翼地区发展后劲,提高发达地区的辐射带动能力,努力实现各种类型地区优势互补、协调发展,将加快山区开发摆在重要战略地位。为此,广东省委、省政府将实施政策倾斜,加大山区道路、水利、电力等基础设施建设的投入,改善山区投资环境,尤其要加快中心城市与各市间通向外省的高速公路建设。

粤东北地区是广东省经济相对落后地区,经济发展均低于广东省平均水平,交通等基础设施相对较差,是该地区经济落后的原因之一。

区域内主要干线公路部分路段穿越城镇与开发区,公路两侧街道化严重,又缺乏严格有效的交通管制措施,致使行车事故多,车辆行驶速度慢,难以满足城市高效、快捷、安全的运输需要。交通条件的限制,制约了山区经济的发展,随着广东省经济建设重点转移,采取各种税收、土地等优惠政策,将吸引大量资金开发粤东北地区,同时也对投资环境提出了更高的要求,因此迫切需要修建高等级公路完善广东省的公路主骨架。

本项目及梅河、梅汕高速公路的实施将有效加强河源、梅州、汕头等中心城市的联系,改善山区经济投资环境,促进全省共同富裕。

3. 满足交通快速增长的需要

由于粤东北地区的经济不断增长,交通量也随之急剧增加,尤其是过境交通量增加较快。在本项目的影响区域内,国道 205 线、省道225 线、省道 120 线是最主要的干线公路,该通道内的交通量逐年保持增长趋势。

通过交通调查,项目所在区域内各干线公路所承担的交通量比重较大。尽管各干线公路部分段不断进行拓宽改造,通行能力仍有限,很难适应不断增长的交通需求。本项目的建设,大大提高了通道的通过能力,使梅汕、梅河高速公路有效地连接起来,诱发了沿线地区车辆出行,并吸引其他相关省道的交通流量。因此,本项目的建设满足通道内交通量快速增长,节约汽车运营成本,适应和促进地方经济发展。

4. 加强粤东北地区与潮汕经济区联系的需要

本项目所在地区长期以来交通等基础设施较差,尤其是兴宁市通往潮汕地区的出海通道省道225线和国道206线道路等级低、路况较差,长期以来交通运输一直较为拥挤繁忙,对外没有形成快速运输通道,导致经济发展缓慢。由于梅汕高速公路已贯通,本项目的建设,可以加强粤东北地区与潮汕经济区的联系,打通粤东北地区的出海大通道,促进经济相对欠发达地区外向型经济的发展。

二、建设意义

建设兴畲高速公路是落实广东省委、省政府建设大交通、促进大发展的要求,同时也是实施“四个梅州”战略(即开放梅州、工业梅州、生态梅州、文化梅州)的重要举措,对完善广东省区域路网布局,改善区域交通条件和投资环境,促进区域经济协调发展有着重要意义(图3-5),建成后兴宁市往汕头等沿海地区的高速公路里程将缩短近40公里。

图3-5　建成后的兴畲高速公路

兴畲高速公路作为交通部推广设计施工总承包管理模式创新的试点项目,广东省交通厅、省交通集团均给予了高度重视,要求努力探索建立一套适用于交通行业设计施工总承包模式的管理体系,为在全国范围内推广总承包模式作有益的探索。兴畲高速公路项目的征地拆迁实行分地类不同单价补偿、直接补偿到户的新模式,也将对在建与拟建项目如何在构建和谐社会,维护稳定大局的前提下开展征地拆迁工作具有重要的试点意义。

第四章 兴畲高速公路建设中的和谐管理

和谐管理作为一种新型的管理模式，给现代企业管理注入了一种与经济全球化、合作双赢的时代潮流相契合的价值取向、思维方式和行为模式，它是组织系统功能和机制内外互动共赢的行为过程，是局部与整体的平衡与统一，具有全面性、系统性、包容性、动态应变性、尊重客观规律性等特征，是企业实现长期、稳定、持续发展的一种先进管理思想。和谐管理的内涵，就是企业按照“和谐”理念，对企业所拥有的资源进行计划、组织、领导和控制等一系列管理活动，从而保证在实现既定组织目标的过程中，实现管理主体和客体矛盾各方的协调一致、对立统一，达到动态平衡。从系统的角度来看，要实现和谐管理，就要处理好组织内外部之间的各种关系，包括组织与社会、组织与政府、组织与环境、组织内部等诸多要素之间的和谐统一，从内部和外部两个角度保证组织目标的实现，最终实现经济效益、社会效益和环境效益等多重目标的协同共赢。在兴畲高速公路建设过程中，梅河公司确立了“创新、优质、和谐、共赢”的项目建设总体目标，其具体内涵如下。

●创新

——管理模式创新：设计施工总承包新型管理模式的招投标创新、项目建设管理思路创新；

——技术创新：积极引进新技术、新材料、新工艺。

●优质

——以工程质量为核心，建设生态环保安全的耐久型高速公路。

●和谐

——构建业主、监理单位、承包人、各级政府、当地人民等各方面和谐共存的关系。

●共赢

达到业主和承包人合同双方共赢的目的。

——业主方面:工程建设达到预想的质量、进度、投资、安全生产管理及廉政目标;

——承包人方面:有效控制项目实施过程中存在的设计施工总承包管理风险,赚取合理利润。

围绕项目建设的总体目标,梅河公司时刻以和谐理念来指导项目建设,最大限度地实现好、维护好、发展好各方的利益关系,使"品牌兴畲,和谐兴畲"贯穿于建设过程的始终。

第一节　征地拆迁过程的和谐管理

高速公路建设是一个复杂的社会问题。高速公路建成后,会对沿线的社会结构、经济发展、文化环境产生影响。首先,公路建成后会增大沿线地区的交通量,在一定程度上改变附近居民的出行和村庄间的原有联系方式;其次,高速公路建设会造成一定数量的拆迁,使沿线居民人口结构及需求发生变化,改变了原有居民的生活方式;再次,在高速公路建设的前后,生态环境的改变将对沿线居民的生产和生活产生一定影响,特别是征地拆迁问题,更是与沿线群众的切身利益息息相关,如果处理不当,不仅会影响工程建设进度,更会产生不良的社会影响。在征地拆迁过程中,梅河公司从维护群众利益出发,积极关注民生问题,通过征地拆迁模式的创新,与当地群众建立起了和谐、融洽的社会关系,不但保证了工程的顺利进行,也保证了兴畲沿线地区的社会稳定。

根据广东省交通厅、广东省发展和改革委员会、广东省监察厅、广东省国土资源厅、广东省建设厅于 2006 年 8 月 2 日联合下发的《关于加快高速公路重点项目建设有关问题的意见》(粤交办[2006]591 号)精神,依照《中华人民共和国土地管理法》、《广东省实施〈中华人民共和国土地管理法〉办法》、粤府办[2003]46《广东省交通基础设施建设征地拆迁补偿实施办法》、粤国土资发[2006]149 号《关于实施广东省征地拆迁补偿保护标准的通知》,梅河公司于 2006 年 8 月份分别与兴宁市、梅县政府签订兴宁市兴城至梅县畲江段高速公路项目兴宁市、梅县境内征地拆迁补偿协议,协议内明确合同签订依据、甲乙双方的责任和义务、工作内容、补偿方式、补偿范围、各地类和房屋及附着物等补偿标准、数量核定办法、征地和拆迁完成时间、建设用地报批责任归属、资金拨付办法、多征土地处理办法等。协议中指出,兴畲高速公路项目的征地拆迁采取“分地类不同单价补偿、直接补偿到户、税费和补偿费分开”的征地拆迁新模式。这一模式受到沿线群众的普遍欢迎,并顺利通过了两县(市)政府组织的沿线被征地拆迁户代表听证会听证,随后两县(市)政府正式出台兴畲高速公路兴建及征地拆迁公告。2006 年 11 月 9 日,广东省交通集团和梅州市人民政府联合举行了兴畲项目动工典礼。

2006 年 12 月中旬,兴畲高速公路项目正式开始进行现场征地拆迁工作,至 2007 年 3 月底基本完成现场征地交地、零星果树和竹木清点砍伐、坟墓清点迁移;至 2007 年 12 月底全面完成房屋和电力、通信等管线拆迁、边角地确定、特殊个案处理等任务。征地拆迁补偿费用已足额补偿到位,满足粤交办[2006]591 号文规定的开工条件,根据项目总体安排,兴畲高速公路于 2007 年 1 月份进入实质性工程施工阶段。

一、创新征地拆迁管理模式

伴随着我国高速公路建设的大发展,越来越多的农村集体土地被占用,其中包括大量耕地,从而造成农用土地面积不断减少,大量农民因此成为失地农民,个别公路建设项目因征地问题引发农民阻工、集团上访等恶性事件。征地拆迁已成为当前一个非常敏感的问题,征地拆迁问题解决不好直接影响公路建设工期,也影响公路建设成本。因此,如何解决公路建设中征地拆迁问题已成为社会热点之一。

按照广东省省委、省政府的要求,兴畲高速公路项目的征地拆迁实行“分地类不同单价补偿、直接补偿到户、税费和补偿费分开”的方式,保障了广大农民利益。即业主直接面对被征户,参与丈量、清点、记录全过程。这是兴畲高速公路项目在征地拆迁模式创新方面的一大亮点。

在征地拆迁过程中,有几个关键的问题:一是确定被征对象的类型;二是被征对象的补偿标准;三是征地拆迁款的支付。只有三者都处理得当,农民的利益才能得到切实的保护。在兴畲高速公路项目管理手册中,为保证征地拆迁工作有“法”可依,梅河公司对征地拆迁管理制订了严格的管理办法,其中包括:《边角地确认办法》、《零星果树、竹木清点办法》、《拆迁房屋、构筑物及附着物确认办法》、《电力线路和管线拆迁管理办法》、《个案处理办法》、《补征地、拆迁、改迁管理办法》、《项目用地土地征收审批管理办法》以及《征地拆迁款支付管理办法》。这些管理办法对征地拆迁过程中涉及的被征对象的定义、类型、补偿标准以及支付方式作了明确规定,从而使征地拆迁工作更加细致、具体,更具操作性。此外,征拆机构、征拆廉政监督机构的设立也保证了征地拆迁环节的廉政、透明。

(一)建立健全征拆机构,保证征拆工作“阳光”、“透明”

1. 建立各级、各部门征拆组织机构

一直以来,梅河公司对征地拆迁工作就相当重视,除总经理亲自抓征地拆迁协调工作外,还安排一位分管领导主持日常征地拆迁管理工作,并成立征地拆迁部,要求公司各部门全力支持征地拆迁工作。对于征地拆迁工作需走内部流程的,相关部门必须当天完成,不允许出现拖延办事、敷衍了事等不负责任的工作行为,同时安排总经理助理负责协调征地拆迁文件的内部流程,争取最高的办事效率。梅河公司兴畲项目征地拆迁管理机构见图4-1。

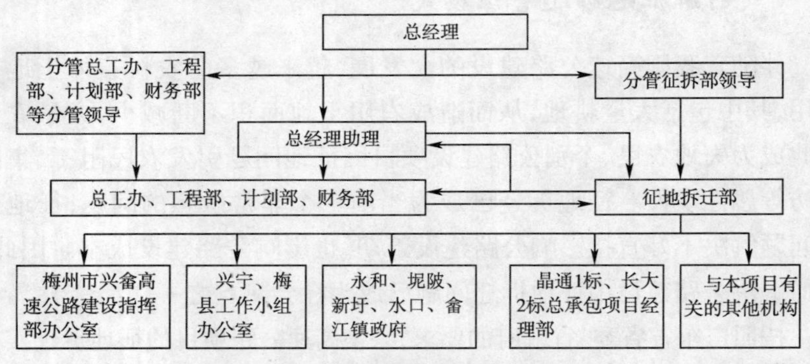

图4-1 梅河公司兴畲项目征地拆迁管理机构

兴畲高速公路项目采用设计施工总承包模式,总包单位承担线外征地拆迁全部工作任务和责任,并承担因为承包人原因引起的红线外补征拆任务和费用。为此,在开工伊始,梅河公司就要求两个总承包单位建立征地拆迁机构,并纳入梅河公司的管理范畴,要求其分管征拆负责人尽快熟悉各种征拆内容、文件要求、标准、处理办法及总包责任,以免出现延误最佳处理时间,造成额外增加补偿费用或重复补偿等情况的发生,以及通过总承包对其自身征地拆迁工作的规范化管理,做好此部分的档案收集工作,以备以后移交业主统一管理,避免重复补偿现象,其管理机构见图4-2。由于兴畲高速公路项目各参建单位均成立一个日常正常运转的征地拆迁机构,使得寻求解决各种征地拆迁问题的途径相当清晰,强化了各级人员的工作责任心,对项目正常建设提供有力保障。

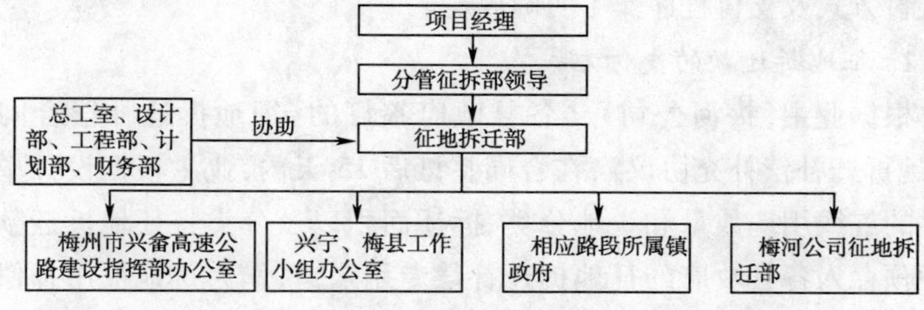

图 4-2 设计施工总承包项目经理部征地拆迁管理机构图

2. 建立征拆廉政监督机构

在征地拆迁过程中,为使征地拆迁工作"阳光"、"透明",让参建各方充分明确各自的职责,梅河公司设置了兴畲高速公路征地拆迁廉政监督机构——兴畲高速公路同步预防职务犯罪办公室,对征地拆迁过程进行有效监督,如图 4-3 所示。

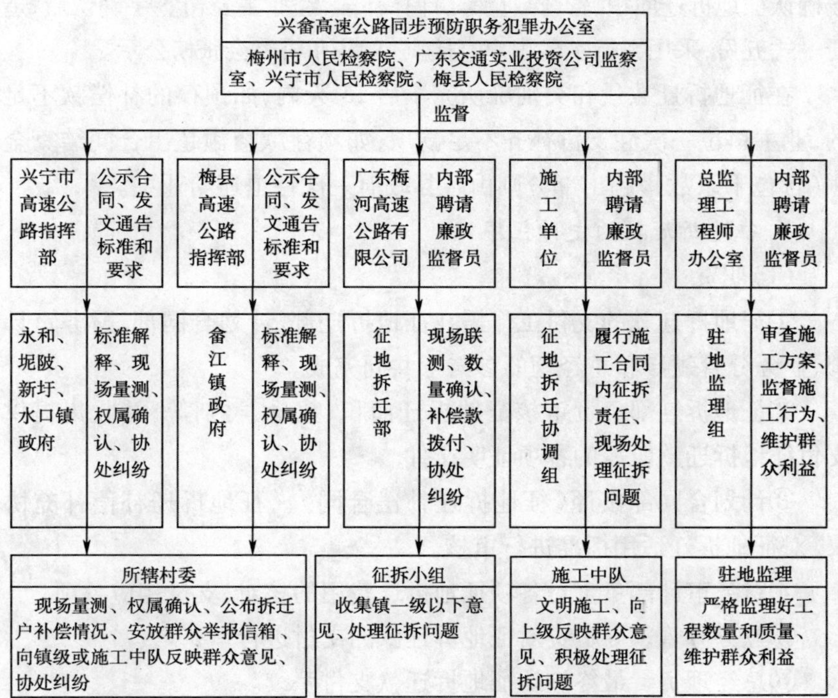

图 4-3 兴畲高速公路征地拆迁廉政监督机构设置图

第四章

(二)明确征地拆迁款支付过程

针对征地拆迁款支付问题,《征地拆迁款支付管理办法》对征地拆款支付方式及支付程序作了明确规定。

1. 征地拆迁款的支付方式

根据业主(梅河公司)与各县政府签订的《征地拆迁补偿合同》、《征地拆迁补偿补充协议》,在合同签订后15天内,业主根据设计单位提供的红线用地数量和土地分类、拆迁面积以及分类将征地拆迁款项足额预存入各县政府的征地拆迁补偿专用账户,作为土地征用补偿预付款。各县政府在动用该专项资金时,对于支付到农户个人手中的,必须由县(市)、镇、村(村民小组)、农户和业主公司五方确认签字后,采用银行实名账户直接支付的方式;对于应留给被征地集体经济组织的,应纳入村集体财务公开管理制度管理。

各县政府将征地拆迁款直接支付到农民的具体操作方式为:由业主单位(梅河公司)建设工作领导小组、镇政府、村委会(村民小组)农户现场确认征地拆迁面积、青苗数量等,计算补偿,经业主公司签字确认后,造册一式五份,采用银行实名账户直接支付,并在村委会张榜公示。

在征地拆迁数量和类别确认完毕后15天内,如预存的补偿款不足的,业主单位一次性支付补齐不足款项;如预存款金额超出合同结算金额(含包干系数),超出部分则由各县政府一次性退还给业主。

2. 征地拆迁款的支付程序

(1)职责:

①征地拆迁款的支付工作需在征地拆迁部、计划合同部、财务审计部、业务分管领导和总经理的参与下共同完成。

②征地拆迁部负责审核征地拆迁面积、数量、类别等,并收集提供支付征地拆迁款所需的各项证明文件。

③计划合同部按照《征地拆迁补偿合同》、《征地拆迁补偿补充协议》对征地拆迁适用标准进行审核。

④财务审计部负责对各项征地拆迁费用的核对,支付相应款项。

⑤业务分管领导负责对征地拆迁款的支付进行审核。

⑥总经理负责最终签认征地拆迁款支付手续。

(2)工作程序。工作程序见图4-4。

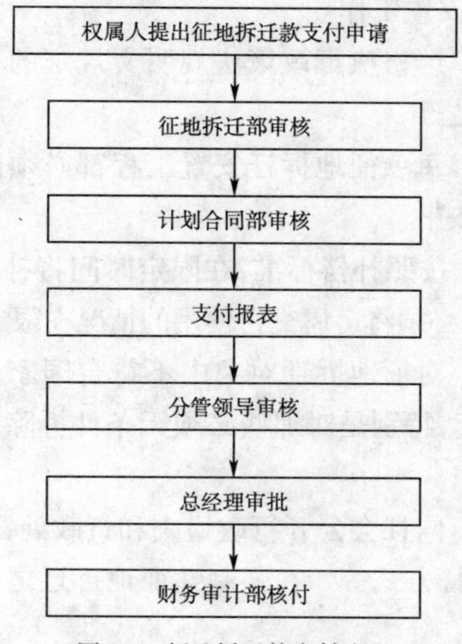

图 4-4　征地拆迁款支付流程

二、征地拆迁过程坚持阳光操作

在兴畲高速公路征地拆迁过程中，梅河公司通过沿线各县(市)的各种宣传媒体，积极主动造势，努力向群众宣传高速公路建设的重要性、征地拆迁补偿政策，广泛报道征地拆迁工作中涌现的先进单位、先进个人，安排以村为单位组织被征拆户集中进行征地拆迁政策、补偿标准、补偿办法等知识学习，努力让群众充分了解征拆工作的重要性，增进群众对项目、对政府的信任程度，为征地拆迁工作营造良好的社会氛围。与此同时，为实现兴畲高速公路项目征拆工作的阳光、透明，梅河公司联合地方政府公开以下内容，接受沿线人民群众的共同监督，以最大限度地得到沿线人民群众的支持和信任。

(1)项目公开。将项目名称、项目用地性质、占地面积及范围、规划设计方案、资金来源、建设期限等基本情况予以公开。

(2)审批公开。向社会公开有关已办理的工程建设资格审批依据、审批机构、审批标准、审批程序、审批时限和审批结果。

(3)程序公开。向社会及时公开征地拆迁方式、步骤、时限、纪律以及投诉渠道等。

(4)政策公开。依法公布征地拆迁安置的政策法规，让群众充分了解和配合征地拆迁安置工作。

(5)标准公开。严格执行政策法规明文规定的有关补偿标准并及时将补偿安置标准公开。

(6)方案公开。每项征地拆迁安置工程都必须制订详细的实施方案,并及时将方案公开。

(7)兑现公开。按照补偿标准,在限定时间将补偿款付给被征地拆迁人,如果是安置则必须将房屋交付使用的情况在限定时间内予以公开。

(8)拆违公开。对征地拆迁对象中不符合国家、自治区、市政策规定,不具备合法手续,特别是对那些必须无条件拆除的违章乱搭乱建的建筑物一律曝光。

(9)执法公开。向社会公开行政检查和行政处罚的职责权限、执法程序、处罚幅度、监督方式等。在强制性征地拆迁之前应将执法的有关情况予以公开。

三、关注"民生",维护群众利益

"发展为了人民、发展依靠人民","全面建成惠及十几亿人口的更高水平的小康社会","让人民共享文化发展成果","加快推进以改善民生为重点的社会建设"……翻开十七大报告,民生话题几乎贯穿始终。无论是党和国家的重大战略方针,还是普通百姓关注的教育医疗社保,随处可以找到涉及民生的论述。在构建和谐型社会的过程中,"权为民所用,情为民所系,利为民所谋",科学发展的核心是就是坚持以人为本,其根本目的是更好地让百姓在发展中收益。高速公路建设"功在当代,利在千秋"。作为惠及民生的重要工程,必须将高速公路建设给百姓带来的不利影响降到最低。在征地拆迁过程中,梅河公司密切关注"民生"问题,通过一系列措施和手段切实维护好群众利益,从而使农民群众的利益得到最大的保护。

(一)提前做好解释工作,保障征地拆迁工作顺利进行

尽管在项目进行现场征地拆迁前已经举行过群众听证会,同时在各种媒体上均发布征地拆迁标准和公告,但对于山区人民而言,由于个别村民文化程度不高,面对铺天盖地式的征拆政策宣传可能一时难以理解透彻,思想上仍会存留诸多顾虑,对于征地拆迁工作不能完全配合。对此类农户,就很需要征拆人员进行面对面地作具体征拆补偿、安

置办法等征拆政策的解释工作。梅河公司高度重视解释工作做在前的重要性,专门安排其工作人员进行分户包干、挨家挨户式地提前作农户解释工作。由于办法对路,农户较快地了解了相关征拆政策、标准、安置办法,打消了担心先拆迁会吃亏的陈旧思想顾虑,杜绝了征拆丈量时农户与征拆工作人员产生矛盾等不和谐的情况发生,有力地推进征拆工作的顺利进行。

(二)快速处理问题,满足群众的合理要求

为充分体现兴畲高速公路项目是“民心路”、“扶贫路”的理念,尽最大的努力维护好沿线人民群众利益,尽量杜绝群众的阻工、上访等过激行为发生。项目初步设计图纸出来后,梅河公司专门组织专业技术人员对沿线进行一次全线普查,普查内容主要是桥涵构造物的设置合理性、水利设施的恢复、道路恢复等。在掌握利民的第一手资料后,要求设计单位根据实际情况和结合业主的调查资料、当地的民族风情、沿线政府的要求,认真编制出比较完善的两阶段施工图设计,努力在设计阶段完善掉线外工程设计,使沿线群众切身感受到自身利益在受到保护,增加群众对项目的欢迎和支持程度。

梅河公司充分意识到征拆问题的累积和处理拖延是激发群众矛盾的根本原因,在征地拆迁阶段,针对群众提出的一些特殊补偿个案,梅河公司均第一时间完成谈判、补偿工作,很好地把握征拆问题务必务实、快速处理的原则,基本消除因征拆处理导致群众上访的问题;在工程实施阶段,梅河公司除了要求各施工单位必须做好文明施工、努力维护好群众利益外,对于沿线群众提出的一些增设水沟、构造物增宽增高、线外道路接顺、暴雨期间导致的农田污染补偿、损坏道路补偿等合理要求,梅河公司也是在第一时间与地方乡镇府召开协调会,在会上明确问题处理的责任方、处理方案、补偿金额、工程实施和完成时间,会后由镇政府工作人员根据相关方签订的会议纪要负责向群众交底,第一时间让群众心里清楚问题处理的原则、办法、兑现时间,合理要求完全不需要通过阻工或上访等方式来得到实现,保障了工程建设与沿线群众和谐共处的良好局面。

(三)定期召开征拆会议,有效解决征拆问题

由于设计不完善,工程在实施过程中,难免会积累一些需解决的工程遗留问题。暴露的工程遗留问题若长时间得不到解决并触动沿线群众利益，当地村民难免会出现阻工、上访等过激行为，将给问题的处理带来复杂化，甚至会承担更大的经济负担，所以迟解决不如早解决。梅河公司与地方政府深知这一点，特规定每月底定期召开一次征拆协调会，全面梳理各方反映与当地有关的工程问题，对合理的要求限期予以解决，对无理的要求坚决予以回绝，有效地解决征拆问题。

(四)加强日常工作沟通，迅速解决突发阻工事件

随着工程建设的不断深入，尽管征拆任务逐渐减少，但一些地方阻挠因素却会越来越多。引发阻挠行为的原因有很多，比如设计不完善影响群众利益、施工过程损害群众利益未及时补偿、别有用心之人想借机捞取好处等。因此，梅河公司及时督促各级征拆主管人员必须经常保持沟通，以增加参与协调人员对问题的熟悉程度，从而使问题得到公正、公平的解决。

(五)建立奖励制度，加快征拆工作进度

地方政府为进一步加快被征拆户的交地和搬迁速度，特意从为数不多的工作管理费和合同奖金中专门安排一部分资金用于对在规定时间内能及时交地和搬迁的群众予以奖励。具体做法是，对于均能在规定时间内配合完成土地、房屋、附着物等丈量、清点确认的被征拆户，与地方政府签订征拆补偿协议后，在规定时间内交出土地、房屋、附着物等的按每户给予奖励，而且提前天数越多，相应奖金数额越大。在经济利益的刺激下，不少乡镇出现被征拆户争先恐后要求优先安排土地和构筑物丈量、附着物清点的现象，很多群众在签订完征拆协议后即表态其被征拆土地、房屋第二天交由建设单位自行处理，征拆的社会氛围相当友好。个别思想僵化或别有用心抵触征拆的农户因事后错失获奖资格均懊悔不已。可以说，建立适当的征拆奖励制度，对促进提高群众配合征拆工作的热情起到及其关键的作用，从而大大地加快征拆工作进展。由于方法对路、效果明显，取得征拆好局面的乡镇干部在接受上级考察时均获得“领导有方、工作有干劲有魄力、具有勇于创新的精神”高度称赞，如今这些干部基本已经得到晋升。

四、适当奖励征拆先进，提高征拆人员工作热情

在征地拆迁过程中，征拆人员需要没日没夜地做被征拆户的思想解释工作，而且有时为了珍惜被征拆户答应丈量的机会，经常错过正餐

时间,连续作战,一心争取以最快的速度完成征拆任务,保障工程顺利建设。征拆工作高峰期,到处可见征拆人员风里来、雨里去的身影,真是“晴天一身汗、雨天一身泥”,有时还要忍受不明白事理的人辱骂,工作压力极大。为了充分调动征拆人员的工作热情,梅河公司不但在与地方政府签订的征拆协议里对征拆先进的个人予以奖金激励,同时还对几次在旱季和雨季攻坚战中均表现突出、成绩斐然的征拆工作人员进行物质和精神双奖励。通过奖励,进一步提高了征拆人员的工作热情,为后期的征拆任务加快完成奠定了良好的基础。

五、改进方式方法,促进管线拆迁工作

除土地征用、房屋拆迁、附着物清除以外,用地红线内的电力电线、通信线路等管线拆迁也是一项征地拆迁工作中的重点和难点。因为涉及的权属单位众多,单位性质也各有不同,如果都让项目业主单位按照他们各自内部的拆迁管理办法去完成管线拆迁,将无法在短时间内完成到能满足工程施工要求。鉴于管线拆迁的特点,我们果断引进造价事务所作为管线拆迁费用审核中介机构,由其公正、公平地负责审核管线单位报送的管线拆迁方案和拆迁费用预算。经我们反复与管线单位沟通并在地方政府的协调下,所有管线单位均接受我们业主的这套管线拆迁管理办法。事实证明,通过改进管线拆迁工作方式方法,大大提前现场管线拆迁的开始时间,进一步缩短完成时间,保障高速公路工程施工的顺利进行。具体做法是,经比照工程图纸和完成现场勘查后,规定管线单位在规定时长内编制出管线的拆迁草案并列出拆迁估算费用,经业主单位初步审核同意后即与管线单位签订支付超过估算费用一半的预付款合同协议,管线单位收款后即须进场进行现场管线拆迁。其在完成现场管线拆迁的同时,亦加班加点编制出管线拆迁方案和费用预算,随后送中介造价事务所进行审核。由于所请的中介造价事务所具有很强的行业造价审核能力,经其审核的方案和预算基本能得到项目业主单位和管线单位的共同认可,个别管线单位认为不甚合理扣减的部分费用则直接由业主和管线单位进行友好协商确定。因为彼此加强了沟通、增进了理解,使得新的管线拆迁方式方法得以顺利实施,有力地保障了管线拆迁进度,为项目工程建设创造了更加良好的施工场面。

六、严格履行征拆合同条款

根据以往项目惯例，在项目用地单位与地方政府签订征拆协议后执行过程中，有时会出现政府不太严格履行合同义务的现象。由于兴畲高速公路项目实行的是分地类不同单价补偿、直补到户、实行补偿费和税费分开支付的征拆模式，此种模式需要业主方在第一时间将大额征拆补偿资金拨付到政府的征拆补偿账户上，此时如果地方政府不严格履行合同义务，一定程度上用地单位将会陷入很被动的局面。为此，梅河公司在与地方政府的谈判过程反复强调这一点，并设立专项奖金，非用地单位原因造成地方政府逾期未完成征拆任务，用地单位将不予支付奖金。

第二节　设计施工总承包模式中的和谐管理

兴畲高速公路项目是交通部推广设计施工总承包管理模式创新的试点项目，也是广东省实施设计施工总承包模式的第一个高速公路建设项目，2006 年 11 月 9 日举行动工典礼，2008 年 12 月 28 日建成通车。全线划分了两个土建工程设计施工总承包标段（路线长度分别为 14.131 公里和 11.604 公里）、一个跨铁路桥施工合同段，三个交通工程合同段。经公开招标，广东晶通公路工程建设集团有限公司和中铁第四勘察设计院集团有限公司联合体承担兴畲高速公路项目一标土建工程设计施工总承包建设任务、广东省长大公路工程有限公司和华杰工程咨询有限公司联合体承担项目二标土建工程设计施工总承包建设任务，广东翔飞公路工程监理有限公司担任土建监理工作。兴畲高速公路项目各标段中标价情况如表 4-1 所示。

兴畲高速公路项目各标段中标价　　表 4-1

标　　段	中标价(万元)
兴畲一标	29 426.632 9
兴畲二标	25 396.033 5
跨铁路桥三标	1 821.249 0
监理标	1 015.227 0
机电标	1 196.050 0
交安标	1 938.555 5
房建标	3 925.184 4

一、兴畲高速公路项目采用设计施工总承包管理模式的背景

（一）设计施工总承包是保证工程质量、控制工程造价的重要手段

在高速公路建设过程中，传统的“设计—招标—建造”管理模式，项目“设计—招标—建造”的周期较长，业主管理和协调的工作较为复杂，业主管理费较高，前期投入较高，总造价不易控制，工程变更时容易引起较多索赔，并且工期也不易控制，出现质量事故时设计和施工双方互相推诿责任。而设计施工总承包是指在工程可行性研究报告或初步设计批复之后，根据工程的不同性质和复杂程度，将工程的设计（一般为施工图设计，也可以是初步设计和施工图设计）以及施工一起委托给具有相应资质的设计、施工总承包方或联合体完成，最终达到合同约定的质量、安全、工期、造价目标的工程承包模式。

设计施工总承包的特点是项目的最终价格和要求的工期具有更大程度的确定性，由总承包方承担项目的设计和实施的全部职责。这种工程承包方式接近于交钥匙工程，通常情况由业主提出工程或其任何部分的预期功能、目的、竣工工程性能和试验标准，再由总承包方进行全部设计、采购和施工，最终向业主提交一个满足预期要求的完整工程。作为一种先进的项目管理模式，设计施工总承包可以避免设计、施工脱节、相互制约的问题；有利于设计、施工的整体方案优化；在施工过程中，通过动态设计、动态施工，有利于设计、施工合理交叉、动态连接、缩短建设工期；能够有效地对工程全过程进行进度、费用和质量的综合控制，对资源进行优化配置，有效控制工程造价；有利于减少工程建设招投标环节，节约社会成本；业主的管理相对简单、协调工作减少。与此同时，设计施工总承包还可以提高管理水平，创造更好的社会效益。此外，设计施工总承包对推进公路工程勘察设计和施工企业间的战略重组，培育具有国际竞争力的大型建设企业，实施“走出去”发展战略具有重要意义。

（二）交通部积极稳妥地推进设计施工总承包管理的试点需要

从20世纪80年代开始，我国就已提出要推行设计施工总承包管理模式。目前，设计施工总承包在化工、石化、电力等专业领域贯彻执行的情况较好，而在公路工程建设中尚处在摸索阶段。近年来，随着建设部《关于培育发展工程总承包和工程项目管理企业的指导意见》的颁

布实施，在我国工程建设诸多领域都在推广设计施工总承包管理模式。在公路建设项目中推行设计施工总承包管理模式，既是“十一五”时期建设创新型交通行业的重点任务之一，也是大力推进理念创新、科技创新、体制机制创新和政策创新的必然需要。

自 2003 年起，交通部和各项目业主陆续开展了公路工程设计施工总承包试点工作，其中包括武汉阳逻长江公路大桥南锚碇工程设计施工总承包项目、沪蓉国道主干线湖北沪蓉西（宜昌至恩施）高速公路工程设计施工总承包项目、钟祥汉江公路大桥主桥加固处治工程设计施工总承包项目、北京八达岭过境线工程设计施工总承包项目等。2006 年，交通部下发了《关于开展公路工程项目设计施工总承包试点工作的通知》（简称《通知》），要求在广东、河北、福建、陕西、北京等地先行开展公路工程设计施工总承包试点工作。《通知》要求，各试点省（市）交通主管部门要按照“积极稳妥、循序渐进、突出重点、注重实效”的原则，有领导、有组织、有选择、有计划地做好公路工程设计施工总承包试点工作，重点探索总结设计施工总承包实施过程中的具体做法和成功经验。在交通部的大力推动下，设计施工总承包试点工作在我国公路工程建设中正逐步展开。

（三）研究和解决设计施工总承包在公路工程建设过程中的重点问题

在公路建设项目推行设计施工总承包管理模式是项目建设管理的一次重大改革，涉及面广，技术政策性强。作为一种新型的、探索式的管理创新模式，在设计施工总承包各阶段（包括初步设计阶段、招投标阶段、施工图设计阶段、设计变更阶段、建设实施阶段）均有不少需要解决的重点问题。这些问题包括：

（1）初步设计阶段如何保证初步设计文件的深度和设计质量；

（2）招投标阶段如何在合同中设置各方风险范围；如何选择总承包方，采取何种方法进行评标；

（3）施工图设计阶段采取何种措施保证施工图的优化设计；

（4）施工阶段如何对重大变更设计进行监督和管理，如何对项目的质量、进度、安全等方面进行有效管理，如何调动总承包方积极性等。

交通部对设计施工总承包试点项目的要求：

（1）中等规模以上独立桥梁、隧道；

(2)长度不超过30公里的高速公路路段或其中的软基、滑坡等不良地质路段;

(3)长度不超过50公里的一、二级公路。

兴畲高速公路全长25.735公里,全线共设置大中桥8座、涵洞69道、通道天桥28座、互通立交4处(其中1处预留)、服务区1处,满足试点项目要求。同时,兴畲高速公路项目施工技术难度不大,标段长度又不长,项目操作起来比较灵活,项目的风险也相对较小。因此,兴畲高速公路被广东省交通厅、广东省交通集团确定为广东省推广设计施工总承包模式的试点项目。

因此,兴畲高速公路项目建设设计施工总承包管理模式的实施,将有利于进一步研究和解决设计施工总承包在公路工程建设过程中的重点问题,从而为探索适合我国国情的公路工程设计施工总承包管理模式积累经验。

二、兴畲高速公路项目的设计施工总承包管理的思路

公路工程建设项目是一个系统工程,有其内在的规律,需要通过与之相适应的管理模式、管理程序、管理方法、管理技术去实现。也就是说,需要有专门从事工程项目管理的组织为之服务。这种组织应该有与项目管理相应的功能、机构、程序、方法和技术,有相应的资质、人才、经验,能够为业务提供最优秀的项目管理服务,能够为业主创造最大限度的效益。中国公路工程建设传统管理模式的最大特点之一,就是把供应链上不同职能环节分割开来,实质上是由于基于一系列划分为不同职能范围的合同所组成的,这种做法把他方视为对手,大量时间、精力用在研究他方的合同条款上,并尽量强化自身的谈判能力;或者把自己聚焦在一个狭窄的市场位置上,项目各方都在找寻短期利益,并关心消耗他方的资源,出现问题主要通过风险转移和法律诉讼加以解决,缺少预测问题和解决争论的机制和方法。

设计施工总承包模式近些年来一直是国内外理论界和实业界共同关注的热点问题,相对于传统的设计、施工平行承包模式,该模式具备的诸多优点已逐渐得到广泛认同。在英美等西方发达国家,设计施工总承包模式在建筑市场中所占份额已超过40%。在国际上,设计—施工总承包合同的译文有:设计—施工(Design and Build, Design and Construct)、交钥匙(Turnkey Deal 或 EPC,即 Engineer, Procure, and Construct)或一揽子(Package deal)合同,从字面上理解就是我们听说的“交钥匙”、“固定价格总包”工程,这种方式对业主有保障,让业主精神放松,所以国外的大公司都乐于接受。在我国,经过一段时间的尝试、摸索及总结经验教训,设计施工总承包模式开始推广和发展,并在一些工程项目中得到应用。

设计施工总承包有两种操作模式:

(1)施工图设计 + 施工总承包模式;

(2)初步设计 + 施工图设计 + 施工总承包模式。第一种方式由于已经完成了初步设计,许多原先不可确定的因素都已经明朗,工程量也已经大体确定,因此风险相对较小。但也存在一些问题:由于初步设计已经批复,施工图设计阶段不可能再进行大的方案优化,即使是局部优化,也会由于初步设计单位和施工图设计单位理念不同而导致有些问题无法解决,从而使施工过程中发生的设计变更,其责任无法界定。因此就必须注意前期工作的深度问题。即业主在与初步设计单位签订勘察设计合同时,应增加问责条款,对由于初步设计深度不足引发的设计变更,要追究初步设计单位的经济责任。而第二种模式更接近国际上流行的 EPC 承包模式,但其适用于平原地区、技术条件、地质条件、工程环境等均不太复杂且工程风险较小的项目。

在设计施工总承包项目管理过程中应遵循的思路包括:

(1)风险分配原则。业主和承包方之间合理分配风险的原则,对双方都有益。一方面业主按较低价格签订合同,仅在最终实际发生特殊的非正常风险情况下,才能进一步增加费用;另一方面,承包方避免对此类难以估计的风险进行估价。

(2)明确的业主要求。对于设计施工总承包项目,业主提出对项目的要求。在合同履行过程中,承包方可以自由选择工作方式,最终达到满足业主规定的标准。

(3)承包方书面报告。承包方需要定期提交一些书面报告供业主审批,也可以使业主随时了解项目实施情况。

(4)变更和保险。对于设计施工总承包项目,只有业主增加或减少工程内容,提高或降低工程技术标准,或遇到招标文件规定应由业主承担的不可预见事件的发生,才考虑工程变更的费用由业主承担。同时由于设计施工总承包项目风险较大,应强调保险的重要性,尽量减少项目可能遭受的风险损失。

(5)工期提前、延后和工程移交。对于设计施工总承包项目,除需要确定合同价格之外,还要明确规定工程的完工时间,提出延期罚款和提前奖励的措施。

(6)工程资金和费用控制。业主要合理做好资金安排,并严格按照合同的规定按时支付工程款,如对资金安排有变更,应将变更细节详细告知承包方,使承包方免去资金上的后顾之忧。

在公路工程建设中,设计施工总承包模式要求承担总承包建设任务的企业具备较强的设计与施工双重资质。但是,在我国同时具备设计与施工双重资质的总承包企业还很少,或者是企业具备双重资质,但设计与施工能力不匹配,因此兴畲高速公路项目采用的是设计与施工联合体的形式进行招标的,这样可以将资质较高的设计单位与施工单位联合起来,形成"强强联合体",最大限度地发挥设计单位与施工单位的优势与协作潜力。在兴畲高速公路建设过程中,梅河公司认真学习以往设计施工总承包实施的经验和重点难点问题,在管理模式上勇于创新,提出了"打造管理新品牌"的目标,从项目筹建至完工,整个过程都十分注重在管理模式方面的探索、创新和总结。梅河公司围绕初步设计阶段、招投标阶段、施工图设计阶段、施工阶段需要解决的重点问题,加强组织管理、规范招投标过程、最大限度地减少总承包方风险、科学合理地选择总承包方、确保施工图优化设计、调动总承包方积极性。可以说,设计施工总承包实施的每一阶段,都是在已有管理模式上的突破和创新。

三、兴畲高速公路项目设计施工总承包管理的主要做法

(一)提高初步设计文件的质量,保证初步设计深度

兴畲高速公路项目是在初步设计批复后进行招标的。采用"施工图设计+施工总承包"模式。梅河公司委托国内著名的、曾多次参与国内其他设计施工总承包试点项目的华杰工程咨询有限公司进行初步设计文件的编制工作,将华杰在设计施工总承包方面所积累的经验移植到兴畲高速公路项目建设过程中,减少了一些不必要问题的出现。考虑到兴畲高速公路项目采用设计施工总承包管理模式,对初步设计文件的质量和深度提出了更高的要求,因此,梅河公司加强了对设计委托

单位的监督和管理，将全面精细化管理思想应用到质量控制中，在确保进度计划的同时，将初步设计的全过程进行细化和分解，从现场质量检查和控制、外业勘察、勘察设计工具、中间汇报、技术交流等环节全部进行质量控制，力争达到技术设计深度。如对勘察设计的全过程进行质量控制，层层把关，确保设计成果质量。在执行过程中，外业勘察和资料严格执行自检、互检、抽检、签证放行的制度，做到不留疑点，各类资料收集齐全、规范、完整。与此同时，引进公路、桥梁工程系列软件，实现绘图、结构分析及信息处理100%网络化，提高项目勘察设计质量，保证勘察设计进度。此外，梅河公司也注意加强技术交流工作，确保各专业勘察设计文件符合交通部关于初步设计的深度要求，各专业设计文件内容协调一致，配套齐全，并将各方意见，包括优化设计、降低造价、控制投资、控制公路用地等问题的意见和建议形成纪要，以便总承包方在施工图设计时执行。

(二)编制符合设计施工总承包特点的招标文件，将招标过程规范化、程序化

作为一项新的管理模式，招标文件的编制必须符合设计施工总承包模式的特点，并直接影响到总承包方的确定、投标方案的选择、各方权责和风险的划分等。而这些都是设计施工总承包实施过程需要解决的重点问题和难点问题。

在招标文件的编制过程中，梅河公司多次与交通部、广东省交通厅、广东省交通集团、投资公司汇报讨论，并参考其他业主单位、设计和施工单位的意见，组织充分的力量对招标文件进行较大幅度的修正和完善，充分体现设计施工总承包项目特色。招标文件根据设计施工总承包模式的特点和兴畲高速公路项目的具体情况，对总承包方资质、评标办法、合同各方风险划分等方面都作了详细规定，明确了按“总价包干、分项清单进度统计、按进度比例支付”的原则进行计量支付，保证设计施工总承包的顺利开展。招标工作严格按照相关规定执行。

1. 设置保证金制度，对项目建设的质量、进度、安全等方面进行有效控制

设计施工总承包管理模式给予了总承包方更大的自主空间，业主干预相对较小。为加强项目建设的可控性，确保项目顺利实施，梅河公司借鉴其他项目建设的经验，除设置了合同总价5%的保留金外，还在

招标文件中设置了进度风险保证金、施工安全措施保证金、民工工资保证金、文明及环保施工措施保证金、竣工文件编制保证金(50 万元)。通过设置保留金、保证金和制订相应的管理制度,既在经济上保证了项目的有效实施,又对总承包方起到了一定的约束作用,从而达到对总承包方质量、进度、安全等方面进行有效控制的目的。

2. 合理设置各方风险范围

在风险范围的划分上,梅河公司在招标文件中规定了总承包方应承担的风险范围。兴畲高速公路项目需要承担的风险主要包括:设计变更风险、材料上涨风险、地质条件变化、线外工程、线外征地拆迁等风险。兴畲高速公路项目由业主承担的风险主要包括设计变更风险和材料上涨风险,而其他风险则由总承包方承担。这也是由设计施工总承包管理模式的特点决定的。

对于设计变更风险,兴畲高速公路项目只有由业主原因造成的以下设计变更增减的工程费用由业主(梅河公司)承担:

(1)连续长达 2 公里以上的路线方案调整的;

(2)互通式立交的数量发生变化的;

(3)连接线的标准和规模发生变化的;

(4)路面结构类型、宽度发生变化的。

当设计方和施工方对优化设计产生分歧属于承包方内部分歧时,由其自行沟通解决。这也是设计施工总承包模式的特点之一,即降低了业主方(梅河公司)的大部分风险。

对于材料上涨风险,兴畲高速公路项目材料调价可参照上级主管部门出台的调价指导性意见或在招标文件中明确项目的调价方法。兴畲高速公路项目招标文件规定:总承包方需承担主要材料价差的风险幅度 r 分别为基准价的 10%(钢筋、钢绞线、水泥)和 8%(沥青),除此之外的差价由业主补差。这一做法实际上与传统的项目管理模式并无区别。主要是梅河公司充分考虑到,由于设计施工总承包实施的时间并不长,真正具备较强风险抵抗能力的总承包方并不多。因此,为有效保证总承包方的利益,确保项目的顺利实施,真正做到风险共担、和谐、共赢,梅河公司缩小了总承包方的风险范围,从而做到管理的柔性化和人性化。

3. 创新计量支付规则

计量支付是一项贯穿于公路建设过程始终的重要工作,是业主向承包人支付报酬的法定方式，是工程建设各方的支撑点。业主通过计量支付完成投资实现业绩，承包人则通过计量支付回收成本获取利润，监理通过计量支付达到对工程的投资、质量、进度控制目标，它集中地反映了包括承包方、监理、业主在内的建设者们的业绩、权利、义务，全面而准确地反映出公路建设中各工程项目进展、变更、新增、期中计量支付、索赔、违约及建立在这些数据基础上的汇总与分析，因此计量支付是合同管理的核心内容，是工程建设投资控制的重要手段，是监理工程师对工程进行全面监理的前提条件，是承包人从业主手里获得工程费用的唯一途径。根据设计施工总承包模式的特点，兴畲高速公路项目对传统招标模式的计量支付规则进行了创新，明确了按“总价包干、分项清单进度统计、按进度比例支付”的原则进行计量支付。计量支付的基本原则是：

(1)以承包人施工图分项工程量清单作为进度统计计算的基础，考核分项或分部工程进度比例，按对应比例的承包人所报工程量清单数量及单价进行计量，当清单中某项支付细目达到工程量及合价的85%时即暂停计量，剩余15%支付款待该清单明细工作内容全部完成后经监理工程师签认且扣除应扣留款项后一次支付。

(2)若发生合同规定的由业主承担费用的变更工程项目时，在承包人申报工程变更报告后而工程变更项目最终批复之前，业主可根据监理工程师和业主的初步联合审查金额进行暂定计量，暂定计量金额最高不超过业主审核金额的70%。待最终批复后按审批结果进行实际计量，并扣回已暂计量的金额；若实际计量的金额低于已暂计量的金额，则在该合同段的其他支付款项中扣回。

(3)除按照合同规定承包人有权得到的合同价格调整外，业主向承包人最终支付的合同价款应不超过签订合同时的总价(扣除不可预见费)。

(4)对于由业主承担费用的变更工程项目，其变更价格的确定应以投标工程量清单中的相同或类似单价为基础。

4. 制订操作性强的项目管理手册，指导项目建设

在认真学习和探索设计施工总承包管理模式特点的基础上，梅河公司通过系列的参观考察、多方交流学习，加深对设计施工总承包模式的理解，在上级主管部门的指导下，根据合同条款和项目特点编写了

《兴畲高速公路项目建设管理手册》(简称《手册》)。《手册》从项目概况(工程概括、项目管理总体构思、项目目标)、项目建设管理模式及组织机构、项目建设管理业务办法(技术管理、工程管理、计划合同管理、征地拆迁管理、项目建设信息化系统管理办法)等方面对项目从初步设计开始到竣工结算完毕的各阶段任务和流程作了明确的规定,形成了一整套操作性强的管理办法,指导项目建设。在项目建设过程中,梅河公司组织参建各方对项目管理手册进行学习,使参建各方做到有据可依,使操作过程制度化、流程化、规范化。与此同时,在项目建设过程中,梅河公司不断对手册进行修改和完善,最终形成了一套适合于设计施工总承包管理模式的高速公路建设管理手册。

5. 设置总承包方评审强制性标准,采用综合评标法进行评标

由于我国现阶段具备设计施工总承包资质的企业比较少,兴畲高速公路项目采用的是施工和设计联合体的形式进行招标,并以施工单位为主办方。从这个角度来看,设计施工总承包对业主、总承包方都存在风险,选择具有实力的设计施工总承包联合体非常关键。在《招标资格预审文件中》,梅河公司编制了《施工招标资格预审强制性标准》,该标准对设计施工总承包方的基本资格、施工经验、设计经验、财务能力、施工单位和设计单位的人员配备、关键设备等方面进行了详细规定。只有通过了符合性检查、满足所有强制性标准要求,如有需要还要对投标人进行资格预审附加分评分,依据附加分综合评分的得分顺序,确定投标人排名,最终确定实力雄厚的设计施工总承包投标候选人。如对总承包联合体内施工单位的施工经验,以及设计单位的设计经验的强制性标准,见表4-2和表4-3。

施工经验的强制性标准 表4-2

工程项目	业绩要求
路基工程	至资格预审文件递交截止日止,近3年内完工并通过交工验收,质量评定等级优良以上,累计完成至少30公里4车道(或以上)高速公路路基施工,其中至少不少于15公里的项目位于黄河以南的且年平均降雨量不小于800毫米的地区
路面工程	至资格预审文件递交截止日止,近3年内完工并通过交工验收,质量评定等级优良以上,累计完成至少100公里4车道(或以上)高速公路沥青路面

设计经验的强制性标准　表4-3

工程项目	业绩要求
公路工程	至资格预审文件递交截止日止，近3年内完工并通过交工验收，累计完成至少100公里4车道（或以上）高速公路路基、桥涵、路面、绿化工程设计任务

兴畲高速公路项目的评标办法为综合评标法。对投标文件综合评分的主要内容和分值范围为：评标价70分；设计部分技术分值15分；施工部分技术分值15分。为保证评标结果的权威性，评标委员会由9人组成，1/3为招标代表人，2/3在开标当天从符合规定的评标专家库中随机抽取产生（质量监督站专家不少于1人，设计库专家不少于2人）。最后，根据综合评分值确定中标候选人的名次（具体内容参见《设计施工总承包招标文件》中关于评标办法的说明），使得整个评标过程科学、客观、公正。

通过严格的总承包方资格预审以及科学的评标方法，梅河公司最终确定由广东晶通公路工程建设集团有限公司和中铁第四勘察设计院集团有限公司联合体、广东省长大公路工程有限公司和华杰工程咨询有限公司联合体分别承担兴畲高速公路项目一、二标土建工程设计施工总承包建设任务。

（三）给予总承包方充分空间，优化施工图设计

在兴畲高速公路项目建设过程中，梅河公司全面贯彻交通部典型示范工程所倡导的“安全、环保、舒适、和谐”的新理念，树立“全寿命设计”理念，在“不降低指标、不减少功能、不留后患”的设计优化原则指导下，以“环保选线，最大限度地保护生态平衡”为根本出发点，给予总承包方充分的空间进行施工图设计优化。同时，在行业主管部门的大力监管下，加大了对施工图的审查力度，对构造物的优化设计进行专项审查，避免由于总承包方片面追求项目利润最大化所带来的设计隐患。

1. 总承包联合体内设计单位与施工单位联合进行现场核查，优化设计

由于兴畲高速高速公路项目实行设计施工总承包新模式，兴畲一标由中铁第四勘察设计院集团有限公司承担施工图优化设计，兴畲二标由华杰工程咨询有限公司承担优化设计。2006年7月开始施工图优

化设计工作,2006 年 9 月中旬完成施工图设计。

在优化阶段,设计单位与施工单位联合对施工现场进行复核,局部地段增加地质钻探等,设计单位按照施工单位的意见和现场实际进行优化,真正实现了总承包方中设计与施工联合体的沟通与充分协作,加强了设计与施工的紧密结合,资源共享,优势互补,极大地促进了设计与施工整体方案的优化,从而保证了施工图设计的质量和深度,为联合体内施工单位的后续施工奠定了坚实的基础,达到了精细化设计施工管理的目的。

2. 强化施工图审查力度,建立完善的内审和外审三级审查制度

强化施工图设计的审查力度,对构造物的优化设计进行专项审查,避免由于总承包方片面追求项目利润最大化,采取一些“设计优化”途径来减少工程成本,造成工程质量、安全隐患和后期环保、地方处理等社会承包增大的不和谐现象。如桥改路或过分缩短桥长(占地面积、防护难度增加)、减少地方通道(未充分考虑地方远期发展)等。要求总承包方将设计指导意见(主要包括:平面线位、立交布置、桥形布置、结构物断面尺寸等)报总监办或业主(监理未进场的情况)审核。建立完善的内审和外审三级审查制度,组织技术部门总工办、工程部、计划部、质安部等对设计单位优化方案进行公司内部审查;组织有丰富经验的咨询单位和专家对优化设计方案进行评审,给出咨询报告;组织大规模的省内交通系统专家对优化后设计图进行评审,形成评审意见执行。

为确保施工图设计万无一失,2006 年 9 月底由广东省交通集团组织了施工图设计初步审查,同年 10 月,咨询单位提交了《施工图设计咨询报告》。在此基础上,广东省交通厅、交通集团、梅河公司分别于 2006 年10 月、11 月、12 月先后 3 次组织召开了施工图设计审查会议,将全线施工图技术标准和设计风格统一,为施工图设计质量提供了有力保障措施,为后续工程的顺利施工和总承包模式的顺利推进打下了坚实的基础。通过总承包联合体内设计与施工单位的紧密合作,两家总承包方提高了施工图优化空间,减少了兴畲高速公路项目后续建设实施过程的设计变更。2006 年 12 月下旬,两家总承包方分别提交了正式施工图。

(四)鼓励总承包方进行合理变更,控制不合理变更

在设计变更阶段,梅河公司鼓励总承包方进行合理变更,控制不合

理变更。根据统计，截至2007年12月底，兴畲高速公路二标已经达成变更意向的变更有73项，其中已经完成变更手续的变更71项。梅河公司规定，工程设计变更必须坚持优化设计、完善结构、节省投资的原则，符合设计规范、技术标准要求，确保工程质量和施工安全。对于合理的变更，予以支持；而未经核备或批准的工程设计变更方案，不得实施，不得办理工程计量支付。施工图设计是工程施工的依据，一经确定下发，未经批准任何单位和个人不得随意更改，一旦发现有“先施工，后变更”的现象，将严肃处理，由此发生的费用增加或工程延期等后果，由擅自变更单位负责。

同时，为加强兴畲高速公路的项目建设管理，切实贯彻设计意图和技术标准，合理控制工程规模和造价，保证工程变更的合理性及技术经济性，梅河公司制订了《工程变更管理办法》，从而使工程设计变更流程更加规范，更具指导性和操作性。此外，在设计变更过程中，梅河公司摆脱了传统单价承包管理思路，将施工单位和设计单位视为利益共同体，对于工程实施过程中发生的一般设计变更，简化变更程序，梅河公司认为：“所有项目填一层土，打一方混凝土的时间都是一样的，能够节省的只有减少方案确定和审批的时间”，所以梅河公司明确规定提出变更后的各级审批流程和时限要求，有效保证了变更审批的及时，同时预防了腐败的滋生。

（五）调动总承包方积极性，对总承包方的质量、进度进行有效控制

2007年1月23日，兴畲高速公路项目召开了全面开工誓师动员大会，1月28日签发开工令。在确保工程建设质量的前提下，梅河公司充分调动总承包方积极性，加强对总承包方质量、进度的有效控制，确保兴畲高速公路项目能在2008年底顺利通车。

1. 设立合同外样板工程奖励金，鼓励总承包方提高工程质量

在建设施工阶段，梅河公司以推进样板工程为主线，在合同外另行设立优秀样板工程奖励金，对优秀样板工程予以奖励（每个优秀样板工程奖励10万元），鼓励总承包方积极主动提高工程质量，争创样板工程。在工程的每个阶段设立不同的样板工程评选项目，如边沟砌筑、填土工程、桩基立柱、梁板预制、混凝土护栏等，相应项目设立一定数量奖金，直接奖励给施工队伍，起到了很好的示范作用，带动了全线质量的提高。在梅河公司的大力倡导下，各总承包方对拟创样板工程项目进

行滚动申报,总监办跟踪实施,评选样板工程,并报业主批准。同时及时组织全线各施工单位在样板工程现场召开现场会,进行参观学习和交流,营造出“比、学、赶、帮、超”的良好氛围,有效地推动了工程质量全面上台阶,为工程创优打好了基础。评出的四个样板工程为:坜陂服务区土方工程、一标三处的排水沟工程、梅江大桥桩基工程、河塘坑大桥墩柱盖梁工程。

此外,梅河公司还另设奖金,鼓励总承包方主动采取各种有效措施,按期完成节点目标并在11月30日前完成交工验收,为后续工程提供良好的工作面,为通车打下坚实的基础。

2. 以工程会战、阶段表彰的方式加快总承包方建设进度

为加快工程建设进度,梅河公司以工程会战、阶段表彰的方式鼓励总承包方加快建设进度,如通过组织旱季会战、雨季攻坚战、通车决战的形式,加紧施工;并采取在旱季会战前组织召开动员大会、会战结束时予以评优嘉奖等方式激励参建的总承包方,从而达到加快工程建设进度的目的。

3. 坚持分项工程首检制,消除质量隐患

总承包方新的分项工程开工,必须先做试验段,由梅河公司和总监办组织进行验收和总结,指出存在的问题,总承包方制订具体措施对施工工艺等进一步完善,取得成功后方可进行大面积施工,有效地消除了质量隐患,减少和杜绝了质量通病的产生。在兴畲高速公路项目建设过程中,总监办对桥梁桩基、墩柱、盖梁、梁板预制、桥面铺装、防撞墙、客土绿化、路面各结构层进行了首检,总结分析存在的问题,提出工艺要求,不断地整改、完善,取得了较好的效果。目前边坡绿化的整体效果较好,防撞墙内实外美,桥面铺装厚度、平整度、外观控制较好,T梁及空心板预制质量优良。

4. 采取各种措施,确保资金支持

在施工高峰期,考虑到总承包方资金紧张的困难,梅河公司采取材料备料款、缩短计量周期等方式解决总承包方的资金压力,同时对进场的资金采取监控措施,保证资金全部用于兴畲高速公路项目的建设,不被抽调。

5. 鼓励总承包方积极采用新材料、新技术、新工艺

在兴畲高速公路项目建设实施过程中,梅河公司鼓励总承包方在

确保工程质量和安全的前提下，积极采用新技术、新材料、新工艺，充分挖掘科技潜力，运用科技创新实现资源节约、提高工程质量、节约资源的目的。如对全线的软基段落，进行堆载预压和沉降观测，有效保证了质量，对全线高填方路基采取蓝派压路机进行冲击夯实，尤其对全线的94区顶全部夯实，进一步提高了路基压实质量；对台背、填挖交界位置，采取液压强夯机进行补强夯实，以减少开工后不均匀沉降；结合科研课题，开展橡胶沥青路面技术研究，从而实现兴畲高速公路项目管理创新和科技创新的同步提升。

第三节 环境保护中的和谐管理

近年来，我国高速公路建设的迅速发展，一方面带动了资源开发和经济的跨越式增长，另一方面也对区域生态环境产生影响。这些影响一般分为两大类：一是自然环境的破坏，如水土流失、生态平衡失调、气候异常等；另一类是环境污染，如噪声、废气和尘埃等注入环境。由于高速公路具有线长、点多、跨越城市农村，所以对环境的影响范围大，涉及面广，而且贯穿于公路建设和使用的全过程。因此，如何在公路建设的同时，保护生态环境，进而实现交通环境的可持续发展，是一个十分值得关注的问题，也是高速公路项目建设者必须思考和重视的问题。2005年，交通部提出以科学发展观为指导，坚持以人为本，走资源节约型交通发展之路，是实现我国公路交通全面协调可持续发展的必由之路。交通部在2006年还专门印发了《关于建设节约型交通指导意见》，对建设节约型交通的总体思路、指导原则、战略目标和实施方案提出了指导意见。

在兴畲高速公路建设过程中，梅河公司高度重视环境保护工作。兴畲高速公路项目与其他项目的不同之处就在于，兴畲高速公路项目在设计之初就考虑到了后期相关环境问题的解决办法，并且在项目实施的各个阶段提出了环境保护的目标和环境保护措施，层层加强环境保护的监督和管理，使项目对环境的破坏达到最小，从而实现“最小的破坏就是最大的保护”，最终将兴畲高速公路建设成为生态、环保、节约、耐久型高速公路。

一、制订《环保保护与水土保持管理办法》

通常,在高速公路建设的前期设计和实施过程中,参建各方对环保、水保等工作不够重视,未能采取充分、有效的措施进行保护和恢复,往往是通车后再进行环保、水保的检测和评估工作,根据提出的问题进行专项处治,处治完后再进行验收。这种做法主要存在下面三个问题:

(1)已产生的水土流失和噪声污染等环保、水保问题影响了当地居民的日常生活,这与目前提倡的"构建和谐社会"的指导思想是相违背的。

(2)问题提出时施工单位已退场,所有问题都必须由业主进行处理,这样不仅增加了业主的工作量,造成了许多不必要的麻烦,而且因为必须重新组织进行处理,也增加了处理费用。

(3)有些问题如果在施工过程中稍微注意便可避免或在很大程度上减少,若等施工完后再回头处理则很困难或者必须花很大的代价才能处理。

这些问题的出现已充分表明传统的环保、水保管理模式已经不再适用,必须在项目建设过程中就关注环境保护问题。

兴畲高速公路地处粤东北部低山丘陵区,沿线地形以丘陵、山地为主,多呈绵延起伏的鸡爪状或孤丘状分布,地势起伏变化较大,偶有孤峰耸立,局部路段为山前台地和盆地(小平原)。除局部路段植被因早期水土流失影响植被略显稀疏外,沿线大部分山丘植被较茂密,生态环境保持较好;沿线人口村庄较密集,但村庄规模一般较小,居民地零散分布,不利于选线过程中避绕,但有利于避免大规模拆迁;沿线因地形起伏较大,平地较少,人均耕地面积一般在半亩以下,因此在选线过程中,应特别注意尽量少占耕地,同时对工程环境的影响应引起足够的重视,避免诱发新的环境病害。

为有效保护兴畲高速公路沿线的生态环境、自然环境、社会环境和人民生活环境,降低环境污染,减少水土流失,提高公路环境保护与水土保持的质量和水平,梅河公司结合项目实际情况,根据现行的法律、法规制定了《环境保护与水土保持管理办法》(简称《环保、水保办法》)。《环保、水保办法》适用于兴畲高速公路建设项目所有参建单位,以施工用地为界,范围包括全线主体工程占地(含路面、路基边坡、桥梁、涵洞)施工便道、施工场地、取土场、弃土场等。兴畲高速公路环境保护的主要目标包括沿线生态环境、声环境、水环境、大气环境、社会环境和人民生活环境。《环保、水保办法》还规定:

(1)业主单位派专人督促落实环境保护与水土保持工作,各监理单位、承包人设专人、专岗、专职负责该项工作。

(2)兴畲全线环保与水保工作贯彻“预防为主、防治结合、综合治理”的原则,树立“原始的就是最美的,不破坏就是最好的保护,力求施工中最小限度地破坏、施工后最大限度地恢复”的环保理念,彻底改变“先破坏后恢复”的错误观念,建一条精品路,修一条绿色大道。

(3)在全线推行环境保护与水土保持目标责任制。各承包人务必要增强环保与水保意识,强化环保措施,组建环保领导小组,建立环保组织管理体系,分管领导具体抓落实,职责到人。

(4)各承包人应自觉接受、主动配合地方行政机关和环境监察机构的监督检查,把环境保护与水土保持“三同时”制度(即环保与水保工程与主体工程同时设计、同时施工、同时投产)落实到位,力争各项环境指标达到规范要求。

(5)各承包人应将采取的措施及时上报总监办审批,并经业主批准后实施。

(6)总监办做好现场监测工作,并及时上报业主,当遇到难以解决的问题时,应及时向上级主管部门汇报,争取上级部门的支持,做好交工前的专项验收工作。

(7)参建各方应建立建设期相应的环保、水保管理台账。

二、严格环境保护与水土保持管理程序

在兴畲高速公路建设中,梅河公司制订了严格的《环境保护与水土保持管理程序》,具体如下。

(1)总监办应在签订监理合同后14天内向业主提交环境保护与水土保持管理规划和实施细则,明确环境保护与水土保持管理工作范围、内容、方式和目标。环境保护与水土保持管理规划和实施细则经业主批准后,将作为总监办全面开展环境保护与水土保持管理工作的指导性文件。

(2)总监办应专门成立环境保护与水土保持管理小组,负责本工程

的环境保护与水土保持管理工作。

(3)总监办负责检查承包人在施工图设计中落实项目环评报告提出的环保、水保措施及环境保护部门的审批意见情况。

(4)总监办应在日常巡视中随时检查承包人制订的环境保护与水土保持措施的落实情况,如发现承包人有破坏环境的行为,总监办应当立即发出指令要求承包人整改;情况严重的,签发《工程暂停令》要求承包人暂时停工,并及时报告业主。

(5)环境保护管理工作完成后,总监办应单独完成工程环境管理情况的总结报告并提交业主。

(6)环境保护管理的工作程序见图4-5。

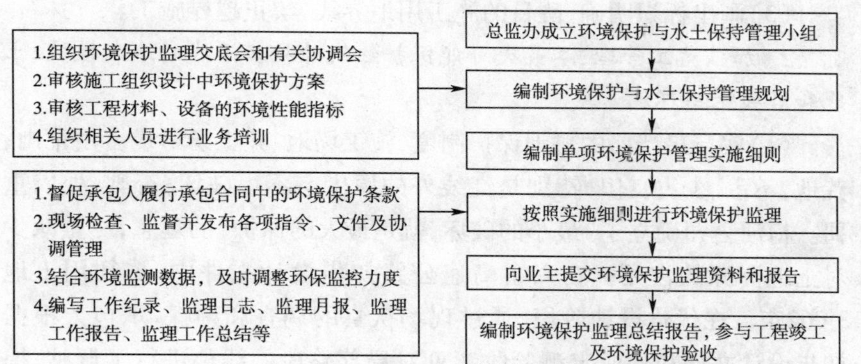

图4-5　环境保护管理工作程序

三、项目建设实施阶段的环境保护措施

为贯彻落实交通部设计新理念,将兴畲高速公路建设成为一条绿色通道,梅河公司在项目建设过程中,采取了一系列措施。在项目早期,梅河公司就委托具有资质的单位对兴畲项目对环境的影响进行评估,并根据具体情况分析各类敏感点及其需注意的问题,为下一步的工作重点指明方向;在设计阶段,根据交通部关于公路设计的新理念,本着追求"安全耐久、环境友好、资源节约、质量过硬、系统最优"的信念,设计时实行"保护优先"的原则,最大限度地保护环境;在项目建设阶段,梅河公司贯彻"预防为主、防治结合、综合治理"的原则,从施工前期准备、施工期间的管理、取弃土场的选址和治理、施工便道和施工场地的防护、路基防护以及排水工程、桥涵工程、临建设施及其他方面都做

了要求，狠抓落实。

(一)施工准备阶段的环境保护

1. 施工临时用地规划、布置应充分考虑环境保护的要求

(1)全面规划、合理布局、统筹安排建设用地，按照“安全、环保、合理、适用”的原则规划取土场、弃土场、工区、水池、油库、炸药库等建设用地。

(2)堆料场远离饮用水源地、水井、河、渠、池塘等地表水体。混凝土拌和场、预制场、机械加工点均宜远离居民集中点，距离不得小于500米。混凝土搅拌站、堆料场、材料加工厂应设在居民区的下风向。当无法满足时，应采取适当的防范和隔离措施。

(3)画出标识明确、醒目的施工用地界线，禁止越界施工。

2. 加强施工管理，尽最大可能保护红线外施工沿线的地表植被、土地和沿线生态环境

(1)实行最严格的耕地保护制度，施工场地、弃土场尽量占用荒山、荒地，不占、少占良田，特别是红线外的原生态不得破坏；否则，处以重罚。梅河公司确立了“最小的破坏，就是最大的保护”的理念，尽量减少对土地资源的占用。在兴畲高速公路初步设计文件中，需征用土地3 062亩。在优化设计阶段，通过现场认真的调查和勘探，承包人根据初步设计文件和外业定测验收意见对局部路段的线位进行了调整，提高了平纵断面指标，减少了占地数量。优化方案后土地的征用面积达到2 809亩，极大地减少了对土地的浪费。在K2 +300 ~ K5 +300段，根据初步设计评审专家意见，将平面线位左移约65米，沿山体布设，平面线位调整后，对沿线村庄干扰小，减少占用耕地，避免了占用农田灌溉的泉眼，减少占用灌溉养殖的水塘约15亩，平面布设合理，较好地贯彻了严格保护耕地的规定。落实可持续发展的理念，尽量节约耕地和其他资源。设计中尽量考虑移挖做填和集中取土，减少占用农田和取弃土场用地，并与改田、造地相结合。

(2)严格要求，规范操作。禁止超范围砍伐施工界线外的植被；确有必要时应取得所有者和林业主管部门的许可。明确保护目标和保护范围，最大限度地避免对周围植被和土地资源的破坏。

(3)确定征地范围后，聘请林业技术人员识别征地范围内的国家重点保护植物，对影响范围内所有珍稀濒危植物和古树名树提出有针对

性的保护措施,并做好标记。对需要迁移的树木,先选好移栽位置,并采取措施确保成活。

(4)为避免机械设备碾压农田、破坏林地和地表植被,对机械、车辆行驶车道及范围做标识和划定,禁止车辆随意在划定范围外有地上覆盖物的地面穿行。对已经被车辆碾压破坏的地表应及时植草覆盖,确保场地内无裸露表土。

(5)控制爆破方法,以浅眼小炮为主,以保持山体、岩体的稳定性,减少土、石、渣对山坡原有植被的破坏。

3. 合理选择弃土场,按照规范弃渣、弃土

(1)在选择弃土场地时,必须考虑地质状况是否可行,是否会因弃土诱发各种地质灾害。

(2)弃土场规划选址应远离河岸、河道。若无可避免需设在河谷的弃土场,先取得相关单位的许可,弃土前先在河谷中砌筑拦土坝或其他防护工程,并确保整个施工过程中弃土不明显束窄河道,不影响河道行洪。

(3)选定的弃土场必须先做好排水、支挡等防护工程方可弃土。

(4)弃土、弃石必须集中,严禁漫坡乱弃。弃方应尽量综合利用,减少排放总量,其余无法利用的应全部运到设计好的弃土场。

(5)在施工场地开挖和弃土场堆渣以前,先剥离表层覆盖层或耕植土,并选择便于储存、不易流失的储土场堆存,做好必要的防护和保肥。施工结束后将弃渣弃土整理、恢复,表面用耕植土覆盖。

4. 做好施工便道和施工场地的防护工作,保护自然景观,减少水土流失

(1)施工便道尽量使用原有道路,新修便道尽量少占耕地、少砍伐树木、少破坏植被,最大限度地减轻对自然景观的破坏。

(2)在施工便道两侧采取工程防护措施,高边坡顶应修建截水沟,低洼处修建沉沙池,水流经沉淀后排入自然沟渠。按照“适地适树、适地适草”原则在便道边坡植树种草,路侧栽植防护林,尽快恢复沿线植被。

(3)临时堆、拌料场不宜设在沿线河边,选址要隐蔽,尽量不占用自然植被、自然环境好的地方,并要易于恢复。

(4)完成工地排水和废水处理设施的建设,并保证工地排水和各工

点、驻地生活废水处理设施在整个工程中有效运行。

5. 加强生态环保宣传，制订奖惩措施，使施工人员自觉参与生态环境保护

(1)在工地及周边设立爱护野生动物和自然植被的宣传牌，施工工人进场后，立即进行生态保护教育，明确保护责任。

(2)宣传和教育的内容包括生物多样性的科普知识和相关法规、当地重点野生动植物的简易识别和保护方法等。

(3)在教育的同时，采取适当奖惩措施，奖励保护生态环境的积极分子，处罚破坏生态环境的人员。

(4)严禁施工人员乱砍滥伐、偷伐盗猎、肆意捕食鱼类、鸟类及其他野生动物。

(二)路基防护、排水工程的环保措施

1. 将工程措施和植物措施相结合，建立分区防治，形成完整的防护体系

(1)路基严格遵照设计要求进行施工。路基、路堑边坡视高度、土质岩石风化程度及稳定情况，在不影响边坡稳定的前提下尽可能采用柔性防护，恢复植被。

(2)全线设排水沟、边沟、截水沟、急流槽、沉淀池等，各种措施相互连接、配套使用，形成完整的排水系统，以尽快将路基范围内的水流引出路基以外，并充分考虑当地原有的排灌系统，使高速公路的排水系统与其接顺。在路基防护及边沟排水、中央分隔带排水方面，认真学习渝湛高速公路经验，在挖方高度小于 10 米，挖方路段长度小于 100 米的路段根据汇水面积适当设置 2.6 米宽生态型边沟，挖方段两侧设计为带盖板的矩形边沟。中央分隔带采用平缘石，超高路段采用间距加密的集水井排水。

(3)有一定汇水面积的路堑开挖前先在挖方坡顶按设计要求挖设截水沟，铺砌防护，把水流集中引出路基以外。施工时由上到下，逐级开挖，开挖一级，防护一级，绿化一级。并应尽快砌筑护坡、排水沟、急流槽等设施，以防止坡面崩塌。

(4)路基的防护工程施工紧跟开挖、填筑工序，边开挖，边填筑，边防护，缩短施工作业面暴露的时间。绿化植草防护需紧跟，路堑开挖后尽快选用根系发达、适应性强的多年生草种及时植草。

(5)提高路堤填筑和深切路堑开挖的稳定性,防止水土流失。石方路堑采用小型排炮微差爆破,禁放深眼大炮。接近设计坡面时应采用光面爆,以保证坡面平整。通过提供宽容的路侧净区,深挖方路段采用加盖板的矩形边沟,适当增加碎落台宽度等措施,从而提供了相对较宽的容错空间,提高了行车的安全性。

(6)对于滑坡灾害发育的挖方地段,采取挡墙、削坡等措施进行处理。对于崩塌灾害发育的挖方路段,应采用较小的边坡坡度,同时按设计要求对坡面进行防护。

(7)边坡开挖过程中,妥善保护截水沟与开挖线之间的植被,不得随意毁坏。

2. 永久防护措施和临时防护措施相补充

(1)路基施工严格遵循施工技术规范,优化施工组织设计,合理安排工期。

(2)路堤填筑前先挖排水沟,结合地形和汇水面积在排水沟出口处设沉沙池或临时沉淀池,使雨水在池中减缓下沉,出口处设土工布围栏拦截泥沙。

(3)路堑边坡开挖应预先做好截、排水工程,当路堑顶为土质含有软弱夹层岩石时,及时铺砌天沟或采取其他防渗措施,以减少雨水对路堑坡面的冲刷。

(4)路基(特别是高填深切路段)施工中,在路肩外侧边坡顶设置宽0.5米、高0.2米防水下泄的堰作为临时性防护,并沿路线纵向每隔50米在路基边坡上设置一条临时排水沟,以排泄路面上的集中汇流。排水沟应在坡脚处设缓冲带,下方修建沉淀池。

(5)在临时堆土区设土工布围栏,以拦截泥沙减少水土流失。

(6)雨季施工应做好防、排水工作。雨季来临前尽早疏通工地附近沟渠,以方便暴雨来临时及时排洪、排涝。

(7)随时注意天气变化,收集气象信息,不良地质地段路基施工尽量避开雨季。

(三)桥涵建设的环保措施

1. 确保防洪排涝系统的安全,尽量减少对农田灌溉和水利设施的干扰

(1)选择枯水期或平水期进行桥涵水下施工,尽量避开雨季、汛期。

(2)为防止桥梁墩、台弃渣压缩河道,使桥梁上下游河岸免受冲刷破坏,在桥梁上、下游一定范围内,河岸坡迎水面及桥台锥形护坡地带采用浆砌片石防护。

(3)涵洞出路基后与附近沟道、河流顺连,防止冲刷下游农田、道路等。

(4)桥涵在农业灌溉涵渠施工时,尽量赶在农灌淡季抓紧施工,如确需在农灌季节施工,应以临时过渡措施辅助,不能对农业灌溉产生干扰。现有灌区被施工占用的,承包人需恢复用于灌溉的临时性沟渠或铺设水管。

(5)及时疏通河道和沟渠,确保汛期及时排洪排涝。

2. 选用先进工艺,规范施工操作,减少对河道、河岸、水体的影响

(1)桥梁水下部分施工应选用先进工艺,减少挖出的泥、石、钻孔泥浆对附近水体的污染。

(2)桥梁墩台修筑完毕,及时清除围堰等临时工程的堆积物,并将施工中产生的废浆、弃土和废弃物及时运到弃土场,恢复河道河岸。生活垃圾、施工废料应尽量分类回收,集中堆放和处理。

(3)有流水的大桥施工中,桥墩基础开挖的土石方集中堆放在岸边较高位置,或集中运到洪水冲不到的渣场堆放,待桥墩基础浇筑完成后再回填。

(4)旱桥桥墩基础开挖的土石方集中堆放,周边以袋装石渣临时拦挡,桥墩基础浇筑完工后回填,剩余部分可用于附近低洼地的整平,其余一律运往渣场堆放。

(5)旱桥施工中只允许砍伐墩、台永久施工部分的植被,桥跨范围的植被不得砍伐、清除,高大乔木(若高于梁底)应迁植或修剪高出部分的枝干。尽可能保留桥跨部分的原生植被,减少桥梁墩、台施工对地表原生植被的破坏。

(6)桥梁附近的施工营地或施工现场应尽量远离水体。若不得不布设在水体附近,产生的污水、粪便严禁排入水体,生活污水、粪便必须经化粪池处理后给当地农民还田。

(7)施工机械需严格检查,防止漏油。禁止将污水、垃圾直接抛入水体,应收集后与大桥工地上的污染物一并处理。

(8)桥梁施工中挖出的污泥、渣土不得直接抛入沿线水体或乱丢乱

堆,应选择不影响行洪和沿线、沿岸景观的弃渣场堆放,并采取工程措施,进行绿化处理。

(四)弃土场的环保措施

(1)弃土场的选址需经过严格的规划勘测设计,并严格控制用地规模,不得超出设计规模增加用地数量、更改弃土场位置或随意改变其他设计内容。任何弃土场的设计变更需报总监办和业主同意,未经批准不得擅自更改弃渣场场址及扩大占地。

(2)为便于恢复绿化,充分利用资源,节约成本,在弃土之前需保存表土。需保存的表土包括:路基永久占地范围内的耕作土和取弃土场占地范围内的熟土。施工和弃土前,剥离20~60厘米的表面层,根据施工进度分期进行。剥离后集中存放在弃土场的一个角落或专门的场地夯实堆积,周围以袋装石渣临时挡护,表面撒播草籽保肥。此部分土一方面可在施工结束后回填覆盖在弃土场表面,并复垦或绿化;另一方面可用以边坡、中分带、碎落台等处的绿化施工。

(3)优化土、石方调配设计,尽量平衡填挖量。尽可能综合利用弃方,将其运至附近需要土方的基建工地或填到服务区和立交匝道内的空地、低洼地带,并及时压实覆土绿化。

(4)对于设在河谷的弃土场,在开始弃土之前,必须先在弃土场适当位置修建足够长和高的挡土堤或挡土墙,以防止弃土和弃渣被水流冲入河道。弃土之前,应首先在弃土场上游两侧沿等高线设置截水沟,两侧设排水沟,必要时在排水沟汇入下游河道之前设置沉沙池,以阻留径流中携带的泥沙。

(5)根据弃渣堆放的位置、地形特点,因地制宜,因害设防,采取拦渣工程、排水工程、土地整治与复垦利用等措施防治。

①控制渣体边坡坡度,以弃石为主的渣体,堆渣边坡坡度取1:2。挡渣墙顶设置4米宽马道,墙顶以上堆渣按1:2起坡。堆渣高度达到10米后设二级马道,依次类推。严格控制堆渣程序,逐层逐级弃渣,渣面每升高2米用压路机碾压3~4遍整平。

②在沟道口和坡角处砌筑挡土墙,采用稳定性和整体性好的重力石笼挡渣墙,防止渣体滑动,维护坡角稳定,反滤渣体渗水,提高渣体起坡点高程,增加渣场容量。

③弃渣场上游边界外1~3米处挖截水沟,两侧修建纵向排水沟

(采用50厘米×50厘米、坡比1:0.3的梯形断面,局部可用矩形断面,部分以浆砌片石衬砌)。在渣场周边开挖沉沙池,每一级平台修建横向排水沟,马道、渣面截水沟、排水沟与周边排水沟相连,水流经周边排水沟引入沉沙池沉淀后排出。排水沟采用浆砌石修筑,截面根据渣场汇水面积而定,截、排水沟边坡坡度均采用1:1。

④渣体堆积完成后,削坡整形和平整渣顶,使体形满足稳定要求、不发生滑坡、便于绿化。采用局部及整体相结合的覆土方法覆土,每个植树穴采用局部覆土,渣场顶部、边坡及马道整体覆土15厘米种草。选择根系发达、固土能力强、生长迅速、能提高土壤保水保肥能力、适应性和抗逆性强的优良树、草种,使渣场恢复植被。多选用适应性强、成活率高、耐寒耐瘠、生长迅速、成本低廉、对边坡稳定性好的本地植物作护坡材料。

(6)工程开挖及施工过程中产生的无利用价值的弃渣一律堆放在弃渣场内,禁止随意倾倒。对因土石方随意倾倒,破坏了地表植被已经造成了水土流失的,应马上采取措施将土石方运走,并补修挡土墙,整理坡面,覆土植草,尽快恢复植被。

(7)在施工期内完成复垦,复垦主要是整平、绿化、造田。弃渣场和施工场地等临时用地全部复垦为林草或农业用地,工程永久占地范围内非硬化区全部植树种草,绿化率应达到100%。

(五)临建设施及其他方面

1. 保护土地资源,采取措施恢复临时用地和施工便道

(1)施工结束后,沿线施工营地、施工便道、拌和站、预制场等临时占地以及弃渣场应复垦或恢复林、草植被。

(2)将临时占用的耕地部分复垦,恢复成农用地。在清理废渣和废料、拆除临时建筑、清除硬化层后,将压实的土地翻松、整平,适当布设土梗,恢复破坏的排水、灌溉系统。

(3)对临时占用的林地、荒地,在把废渣、废料和临时建筑拆除清理后,平整场地,充分利用表土恢复林、草植被。

(4)部分位于谷底、土质较好且没有交通功能和需求的施工便道,在施工结束后尽量深翻,播种豆科牧草改土,一两年后恢复为耕地。

(5)部分位于山顶或山腰可方便沿线居民出入的新修施工便道,通过整修后保留。凡需保留的便道,承包人应在退场前对其修整,保持畅

通，并完善沿线环境绿化，使其与周围环境保持协调且不低于已破坏植被标准，经总监办与业主验收后方可退场。

2. 采取必要措施防治水污染，保护沿线水环境，确保全线工业污水达标排放

(1)承包人应负责提供、安装、维护和管理一个临时排污系统，用以排放全部施工和生活污水。每个工区应备有临时的污水汇集设施，视污水产生量和产生规律，修建适宜的污水沉淀池和处理池。

(2)施工过程中产生的废水和生活污水不得直接排入饮用水源、养殖水体、农田灌溉水体。粪便、污水必须经化粪池收集处理，上清液鼓励还田，底泥定期抽运。食堂污水应先经过隔油池隔油除渣，然后排入化粪池处理。清洗器具的含油废水应通过沉淀池回收处理。

(3)路基处理之前预埋涵管，管道应具有足够的过水断面，且不小于原过水断面。

(4)临近水体施工的，沿河一侧必要时设置临时挡墙，防止泥土和石块阻塞河道、沟渠及灌溉排水系统。

(5)建筑材料、油料、漆料、有毒化学品、工业废渣应远离饮用水源地、水井、河、渠、池塘等地表水体妥善堆存，并配备足够的防水布。露天堆放的材料一律用防水布遮盖，以防止雨水冲刷而污染地表水体。

(6)部分施工用料，如水泥、石灰等若堆放在桥位附近，堆场应设在相对远离水源、暴雨径流冲刷影响小的场所，并在材料场四周挖明沟、沉沙池，设挡墙等，防止受暴雨冲刷污染地表水体。

3. 减少粉尘、扬尘、工业废气的排放量，确保各项空气指标达标排放

(1)按招标文件要求，配备一定数量洒水车，对施工现场和未硬化施工便道、灰土拌和站定时洒水。靠近学校、医院、居民集中点的敏感区域，在干旱大风的天气应适当增加洒水量和洒水频率，每隔数小时洒一次，保证路面无扬尘。

(2)石灰、细沙、水泥等易洒落散装物料在装卸、使用、运输、转运和临时存放的全部过程中，应设防风、遮盖措施。

①运送细碎、微小颗粒、粉状物时必须压实，如石灰、细沙、散装水泥等，填装高度不得超过车斗防护栏，并用篷布遮盖或加高车箱挡板，避免洒落引起二次扬尘，确保运输过程中不向外飞逸、漏洒。

②加强对物料场的管理，在四周设置挡风墙(网)，并合理安排堆垛

位置。

③混凝土拌和场设水泥筒仓，拌和站设遮盖物。沥青混合料运输按施工要求覆盖篷布，排气筒的高度需达到规范要求。

（3）混凝土搅拌站、堆料场、材料加工厂等作业场地应设在居民区的下风向，周围500米范围内不得有集中的居民区、医院、学校等敏感点。

①沥青拌和站与最近的居民区之间应满足"500米外下风向"的距离要求。

②采用符合标准的全封闭式沥青搅拌设备，集中搅拌，严禁采用半封闭式沥青熬化作业工艺。加强操作人员的劳动保护，佩戴防护面具并站在上风口作业。

（4）禁止在施工现场焚烧油毡、橡胶、塑料等各种工业垃圾。

（5）作业场地、运输车辆及时清扫、冲洗，保证场地及车辆的清洁。施工现场的各种垃圾、渣土及时清理，集中堆放并用挡布围蔽，及时清运到指定地点，一般每日清理，每三天清运。

4. 为保护公路沿线声环境，减少施工噪声对沿线民众的干扰

（1）施工场地靠近市区、学校、医院及居民点的，高噪声设备尽量布设在远离敏感点一端，并尽量利用天然挡蔽物隔声。不具备条件的，建设隔声墙并种植成排防护林隔声。

（2）合理安排施工场地。混凝土拌和场、预制场、机械加工点等尽量远离居民集中点，稳态噪声声压级大于80dB（A）的机械设备须远离居民点500米以上的位置运行。

（3）合理规划施工场地内各种机械设备，在比较固定的机械设备附近，修建临时隔离屏障，减少噪声传播。

（4）合理安排物料运输的时间，减少对居民夜间休息和学生上课的影响。在经过村镇、学校、医院时，减速慢行、禁止鸣笛。

（5）施工时加强对敏感点处的噪声监控监测，超出场界噪声标准的应采取相应改进措施，如设置临时隔声屏障。

（6）尽量采用低噪声设备，事先进行测量，禁止超过国家标准的机械进入施工场地。加强对机械设备的日常维修和修理，每日检查，每周维护。确保良好的运行状态，维持最低噪声的运行状态。

（7）按劳动卫生标准控制机械操作工人及现场工作人员的工作时

间，配发并督促佩戴隔声耳塞、耳罩等防护物品。安排操作稳态噪声声压级大于80dB(A)机械设备(包含挖掘机、装载机、推土机、压路机等)的工人采用短循环轮流作业，每个工人在高音环境连续操作时间不得超过6小时。

(8)定期对长期在稳态噪声声压级大于80dB(A)的环境中工作的工人进行听力检查，一般最长不超过半年检查一次，对听力有明显下降的工人应调离高噪声工作环境并安排其他低噪声工作岗位。

5. 按照“安全、环保、文明、适用”的原则进行施工营地和场地建设

承包人随时保持施工营地和场地整洁、卫生、有序。施工结束后，及时清理场地，做到工完、料尽、场地清。清除临时用地的硬化层(如桥头预制厂)回填附近便道，或运至渣场堆放。各种废弃物集中收集后，能回收利用的尽量回收，其余固体废物应进行集中处理。

6. 严格规范爆炸操作，切实保障沿线群众和施工工人的安全健康

(1)做好雷管、炸药等危险品的运输和储存工作，严格规范炸药爆炸作业管理。爆炸作业前，应对爆炸地点500米范围内的房屋进行详细调查，对病房、危房维修加固。

(2)采取有效措施保障沿线群众的安全。在施工场地和敏感地点设置围栏禁止公众通行。当公路在公众集中区施工时，应采取保护措施。

(3)妥善处理各种固体废弃物，防止污染。废弃的零碎料件、边角料尽量充分利用，水泥袋、包装箱等纸制品全部回收。

7. 全线绿化，建成一条绿色大通道

(1)公路用地范围内全面绿化。路基、路堑边坡、公路两侧、中央分隔带、服务区、停车区和互通全面植树、植草绿化，不留空地。

(2)沿线绿化用草种、树种应尽量选用本地原生物种。

(3)取土场内土方尽快运走，不能等施工结束后再对取土场进行恢复，尽可能早地植树种草或综合利用，恢复取土坑、取土场的植被。有水源条件的大取土坑，完工后及时压实，可修筑水池和鱼塘。

四、奖罚结合，激发承包人环保积极性

为确保施工过程中的文明、环保施工需要，梅河公司每期支付时扣留工程量清单第200~700章当期计量金额的2‰作为文明、环保施工

措施保证金(包括承包人、分包人驻地建设)。

由业主、监理工程师按照文明、环保施工要求,定期组织检查考核或进行抽检。

在兴畲高速公路建设过程中,承包人受到过环境保护部门的通报或处罚,或监理工程师和业主在检查中发现承包人有环保问题或违反环境保护规章制度的情况,视情节轻重,分别给予承包人通报批评、警告、责令停工等处罚,可并处1~5万元/次的违约金,上述违约金将从文明、环保施工措施保证金中扣除,且累计不超过工程量清单第200~700章当期计量金额的2‰。

扣除违约金之后剩余的保证金将于交工证书颁发后28天内、缺陷责任终止证书颁发后28天内分两次等额退还给承包人。

第四节　项目建设中的和谐管理

构建和谐高速公路,最为重要的是能够具有一种促进高速公路建设、运营管理和经营开发和谐运行的管理方法和运行机制,从项目内部和谐的角度来达成组织目标,从而完成由内部到外部的和谐统一。因此,项目内部的和谐是一切和谐的前提和基础。以人为本是和谐管理的基本要求,一切管理制度和管理方法的建立,都是以充分调动人的积极性、主动性、能动性、创造性为最终目的,从而提高组织管理效率,实现项目内部的和谐统一。在兴畲高速公路建设过程中,梅河公司加强了项目建设的和谐管理,从和谐型企业文化建设、安全管理、廉政建设、质量管理等多个层面保证了项目建设的和谐。

一、坚持以人为本,营造和谐型企业文化

人是参与创建和谐社会活动的主要参与者,在经历了经验管理、科学管理后,21世纪的管理将进一步向人性化管理迈进。人性化管理是一种从人性出发、以人为本、把人视为组织最重要的资源和管理的主体,关注人的情感、崇尚人的价值、充分激励人的积极性和创造性,以组织与组织成员的共同发展为目标、以满足人的需要和人的全面发展为根本目的的管理模式。和谐管理是实现组织中人与人和谐、人与组织

和谐的重要保证。作为一种先进的管理方式,和谐管理的核心就是坚持“以人为本”。因此,和谐管理也是一种人性化管理。高速公路建设的主体是人。如何优质、高效地推进工程建设,归根结底是靠人。在兴畲高速公路建设过程中,梅河公司坚持“以人为本”,注重发挥人的主观能动性,将“和谐”型企业文化作为员工的情感归宿,增强了员工的建设积极性。

(一)确保农民工工资按时、足额发放

农民工群体是高速公路建设中十分重要的群体。他们工作在高速公路建设的第一线,工作条件恶劣,自身权益往往不能得到很好的维护。“切实维护农民工利益,按时发放农民工工资”不仅是国家当前一项重要的政治任务,同时也是保证项目建设能顺利进行的前提。农民工工资的管理虽然只是企业管理中的一个小部分,但从项目进度角度来看,却是企业管理中的一个大部分。在兴畲高速公路项目建设中,梅河公司高度重视农民工工资管理工作,确保农民工工资按时、足额发放。在具体工作中,梅河公司建立了工资支付信用制度、民工工资监控制度和民工工资保证金制度,做到“三个规范”:一是规范农民工劳动合同的签订细节和农民工工资的支付管理;二是规范对各单位银行账号的管理、资金使用计划的实行监控;三是规范对拖欠农民工工资的项目部实施信用惩罚体制,并将扣留的农民工工资保证金直接发放给农民工,确保农民工利益不受到损害。

1. 从施工单位的准入方面把关

梅河公司在项目招标之初就对农民工工资管理予以筹划,在资格预审评审时,要求重点对所有参与投标的单位是否存在拖欠农民工工资的情况进行核查,情节严重者采取一票否决制,在准入上予以严格控制。

2. 在合同文件中增加相关保障条款

在合同条款中,梅河公司增加了农民工工资专项保证金管理制度:为确保施工过程中农民工工资实时、足额发放到位,在每期计量支付时扣留工程量清单第200~700章当期计量金额的2%作为农民工工资保证金。农民工工资保证金的考核返还条件是:承包方进场后,上报农民工工资方法管理办法,经梅河公司批复后按照管理办法每季度综合考评一次,若未发现拖欠或恶意造价现象的,退还前期所扣留的农民工工

资保证金,以此类型;若连续两次出现恶意拖欠农民工工资或一次性出现群体性上访事件的,除扣除前期的农民工工资保证金外,梅河公司将视情节轻重通报批评承包人。在管理办法方面,梅河公司制订并印发了《广东梅河高速公路民工工资管理办法》,要求各施工单位也相应地制订《民工工资管理办法》。

3. 加强管理过程中的监督检查

在每月、每季度末或者节假日前后均有例行或根据需要安排随机的检查,检查组由财务部、工程部、合同部、监理单位等相关人员组成,通过到各承包方现场查看工人工资发放表、发放台账以及与现场工人核实(抽查)的方式进行检查,所有检查记录均作为农民工工资管理执行情况的考核依据。

4. 建立完善的投诉机制及应急预案

梅河公司建立了以人为本的投诉通道,为了方便工人投诉,在各施工班组驻地均设有投诉举报箱,举报箱上同时将各承包方、地方劳动保障部门以及梅河公司的举办电话、电子邮箱等明示在举报箱上,方便工人采取任何一种途径进行举报投诉,各受理投诉单位建立联动机制,一旦发生有民工投诉,各单位安排专人负责、专人跟踪,了解事件真相并及时组织处理,如确认是拖欠工人工资情况属实,项目部无条件24小时内足额将工资发放到工人手中,否则由梅河公司代为发放。

兴畲高速公路项目开工建设至今,未出现一起农民工劳动合同纠纷事件,未出现拖欠农民工工资事件,未出现农民工利益受损害事件,农民工合法权益得到了较好保障,维护了社会稳定。

(二)积极组织开展各种文体活动,增强员工的凝聚力和团队精神

作为和谐社会建设中的一个重要因素,企业的和谐建设基本内涵应当是“以人为本凝聚人心的企业”,企业的和谐建设就是把职工队伍作为主体形成高度团结奋斗氛围,从而实现企业效益最大化、责任最大化、企业价值最大化的群体行为。在兴畲高速公路建设过程中,尽管建设工期紧张,但是梅河公司还是积极组织开展了包括登山、联合晚会等在内的各种文体活动,增强员工的凝聚力和团队精神。

2007年6月,梅河公司工会积极响应国家“全面建设计划”,组织全体职工举办登山活动。在登山过程中,职工们充分发挥团结协作的精神，男职工帮助女职工，体力好的帮助体力稍差的员工，不时相互加油打气，在一片欢乐的气氛中，职工们都很快达到了山顶。本次活动取得了良好效果，既丰富了广大职工的业余文化生活，增进了彼此友谊，又提高了广大职工的身体素质，使大家能以更加饱满的精神状态投入到工作中。为庆祝中国的传统节日重阳佳节，2007 年 10 月 22 日，梅河公司工会组织员工举办金秋登山活动。登山不仅可以强健体魄，还可以丰富职工的业余文化生活。

2007 年 7 月 3 日，为庆祝中国共产党成立八十六周年，梅河公司与河源河龙公司共同举办了以“颂歌献给党，共建和谐路”为主题的联欢晚会（图 4-6），通过多种形式的文艺表演，激发了广大员工的建设热情。2007 年 12 月，梅河公司所属各参建（养护）单位举办了首届运动会（图 4-7），为公司成立以来最大规模的体育盛会，涉及篮球、羽毛球、乒乓球三大项目，参赛运动员近百名。组委会始终贯彻“热烈、精彩、和谐、共赢”的方针和“增进健康、增进友谊、促进交流、促进发展”的原则。通过这届运动会，考验了各参建单位的群体意识、竞争意识和大局意识，达到了增强企业凝聚力和团队精神、营造企业文化建设良好氛围的预期效果。

图 4-6　颂歌献给党，共建和谐路

图 4-7 2007 年 12 月,梅河公司所属各参建(养护)单位举办了首届运动会

2008 年 3 月 23 ~ 24 日,梅河公司组织员工到清远参加户外拓展训练活动(图 4-8),通过体验式的活动加深了员工彼此之间的了解,增强了员工的责任感、自信心,增强了团队的合作精神和凝聚力。

图 4-8 2008 年 3 月 23 日,梅河公司组织员工素质拓展培训活动

(三)关心员工的工作和生活

梅河公司一项坚持以人为本的方针政策,重视关心员工的工作和生活。当公司得知职工莫艳明、李秀杰均因家人患重病,花去大笔医疗费用陷入困境后,工会提出了以"友爱、互助"为主题的慰问活动,公司总经理李坚,党支部书记、工会主席韩洪代表工会慰问困难职工。工会的关心、体贴和帮助,让困难职工感受了公司给予的温暖,增强了与职工之间的情感,也增强了员工的凝聚力和向心力。

2008年,冻灾是中国大地的第一个关键词。2008年1月10日以来,我国南方地区发生了严重的低温雨雪冰冻灾害,给群众生产生活和社会经济发展造成了严重影响。在兴畲高速公路建设工地上,近千名建设者回家的路被阻断。2008年2月3日,梅河公司联合中国移动梅州分公司在兴畲工地上为建设者提供免费长途电话(图4-9)。拜年电话一个个地拨打,免费活动温暖人心。此外,梅河公司还组织各参建单位准备丰富多彩的活动,让建设者们在工地过了欢乐、祥和、充实的新年。

图4-9　2008年2月3日,兴畲工地上为建设者们提供免费长途电话

(四)营造和谐型企业文化氛围

企业文化是在一定的社会历史条件下,企业生产经营和管理活动中所创造的具有本企业特色的精神财富和物质形态,通常表现为企业的使命、愿景、价值观、行为准则、道德规范和沿袭的传统与习惯等。企业文化由物质文化、行为文化、制度文化、精神文化组成,分为表层、浅

层、中层、深层四个层面。其中心内容是以价值观念为核心的精神文化体系。价值观是企业文化的核心,是企业员工所共有的观念、价值取向等外在的表现形式。企业文化载体是企业文化的表层现象,是企业文化的精神反映。优秀的企业文化必须有很好的企业文化载体,有了好的企业文化载体,才能增强企业的凝聚力和战斗力。

梅河公司在企业管理中积极探索和培育具有梅河特色的企业文化,建立了能够充分体现梅河价值观和梅河精神的企业形象识别体系,并逐步予以实施。梅河公司把"优质高效、务实创新"的企业精神作为贯穿一切工作的行动指南,把"持续创造更高价值、共同追求美好生活"作为全体梅河人追求的共同价值,把"创新、优质、和谐、共赢"作为兴畲高速公路建设的总体目标,将兴畲高速公路建设成为"以人为本、数字信息、生态环保、文化旅游"为一体的新概念高速公路"作为他们追求的共同目标。在兴畲高速公路建设过程中,梅河公司上至领导、下至员工大胆进行理念创新、管理创新和技术创新,营造了和谐型企业文化氛围,为兴畲高速公路项目的顺利建成通车创造了和谐、稳定的文化氛围。

二、强化安全管理

高速公路的安全生产工作不是单一的工作,它是各项工作及各个方面相互联系、相互制约的系统工程。影响安全工作的方面很多,例如:各种设备的性能状况、直接参与安全生产工作的劳动者的技术水平、安全生产制度的落实、各部门员工的安全意识、各项应急预案的实施操作水平等,这些都直接或间接的影响着安全工作。高速公路安全生产制度的完善和落实更是一个关系到对员工教育、管理和队伍整体素质的大工程。所以,了解影响安全生产方面的因素,并对这些因素进行综合分析,确定不同时期的工作重点才能防患于未然。

兴畲高速公路项目施工安全生产的管理目标是:在项目建设全过程中确保安全生产,不发生任何安全生产责任事故。梅河公司紧紧围绕兴畲高速公路建设的中心任务,始终坚持"安全第一、预防为主"的方针,公司领导高度重视、建立健全安全生产组织机构,完善安全生产管理规章制度和各项应急预案,认真落实安全生产责任制,确保安全生产管理各项工作有序开展。加强教育培训学习,进一步提高广大员工的安全法律意识和安全文化素质。对梅河公司内部以办公、宿舍消防安全、食堂饮食安全卫生、公务车辆安全架势为重点管理工作；对兴畲高速公路建设狠抓建章立制，认真落实安全生产责任制，完善安全生产管理制度，加强安全生产宣传、教育、培训工作，提高全体参建人员的安全意识，建立特种设备准入制度，严格执行特种操作人员持证上岗制度，加强对跨国、省、县道施工安全维护管理，勤检查，狠抓落实，认真整改，确实消除各种隐患。

（一）管理机构

（1）业主、监理单位以及各承包人均应按照《安全生产法》的要求，做好安全生产工作的组织和领导工作，建立健全安全生产的组织机构。各承包人应以书面形式通知项目经理部的各职能部门以及下辖班组，同时抄报总监办和业主，该文件应收录入安全生产档案。

（2）承包人的项目经理为项目施工安全生产的主要责任人，专职安全生产主任为项目的施工安全生产的直接责任人。

（3）承包人应配备专职安全主任，不得由项目经理、分管副经理、书记、质检或其他任何人员兼任。专职安全主任的任职条件应符合《广东省注册安全主任管理办法》的规定。

第四章

（二）安全生产管理流程

兴畲高速公路项目的施工安全生产机构关系流程图如图4-10所示，各承建单位必须建立健全安全生产管理机构，明确岗位职责，做到层层把关，逐级对上级负责。

（1）项目业主安全生产管理流程见图4-10。

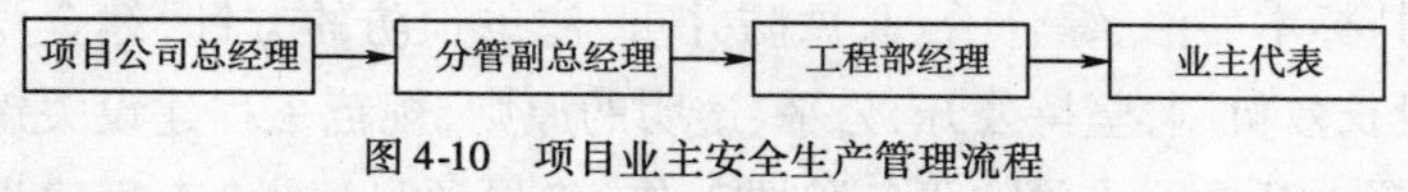

图4-10 项目业主安全生产管理流程

（2）项目建设施工安全生产管理流程见图4-11。

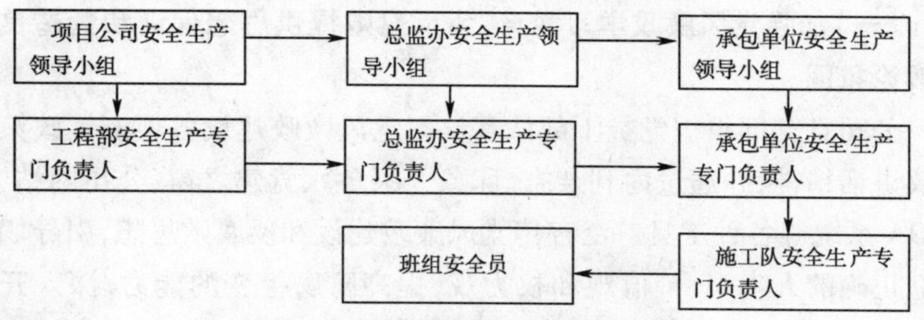

图4-11 项目建设施工安全生产管理流程

(三)深入开展“安全生产月”活动,全力推进平安兴畲建设

为提高广大员工的安全法律意识和安全文化素质,梅河公司在全国安全生产月期间,认真组织以“综合治理、保障安全”为主题的各项活动,推动安全生产形势的稳步发展,确保顺利实现公司的安全生产目标。安全生产责任重于泰山。梅河公司充分利用横幅、板报、宣传栏、网络等宣传工具广泛宣传《安全生产法》、安全生产知识等,深入贯彻执行“安全发展”的科学理念和“安全第一、预防为主、综合治理”方针,在全公司营造依法守法、关爱生命、关注安全的良好氛围。安全生产月的系列活动还有安全知识有奖问答、安全生产知识培训讲座等。活动结合兴畲高速公路实际情况,进一步营造“依法守法、关爱生命、关注安全”的安全生产工作氛围,为确保实现兴畲高速公路安全生产目标提供有力的保障。

例如,兴畲一标标段在抓质量、抢进度的同时,树立“安全第一”的观念,全面细致地抓好安全生产文明施工。项目部安全办加大检查力度,特别是对高空作业、机动车辆作业、深基坑作业、高边坡施工、预制场施工作业、路线交叉作业等进行重点抽查,确保安全生产,同时做好安全宣传教育工作,加强培训,特殊作业必须持证上岗,并做好安全技术交底、人人皆知,做好安全施工和文明施工。

三、加强廉政建设

在兴畲高速公路建设过程中,梅河公司结合实际加强党员党纪教育,坚持标本兼治、综合治理、惩防并重、注重预防的方针,健全党风廉政建设长效机制,坚持公开、公平、透明的原则,规范工程建设关键环节管理,深入开展同步预防职务犯罪工作,确保项目建设“工程建设人民满意,工程建设者人民满意”廉政目标的实现。

(一)加强党风廉政学习教育,为反腐败提供思想保证和营造良好的舆论氛围

公司党支部组织党员干部认真学习党风廉政建设各项方针政策和会议讲话精神,并通过内刊杂志《印象·兴畲》、党建之窗、公司网站、办公OA系统等各种工具广泛宣传党风廉政建设和反腐败思想,引导职工树立正确的人生观、价值观和权力观,提高防腐拒变的能力,深入开展理想信念教育,形成人人自律、阳光向上的企业氛围。

公司党支部结合新时期、新形势的要求和自身实际情况，不断创新工作方式和工作载体，开展各种纪律教育活动，邀请梅州市党校教授举办廉政讲座、组织外出瞻仰学习革命先烈精神和观看纪律教育警示片进行正、反面教育等，教育全体员工要切实做到把思想作风建设摆在首位，坚决同各种不良风气和腐败现象作斗争，大力倡导“八个方面”的良好风气，注意纯洁社交圈、净化生活圈、规矩工作圈、管住活动圈，坚持原则，实事求是，廉洁自律，克己奉公，时刻保持警钟长鸣，确保项目建设廉政目标的实现。

（二）积极开展同步预防职务犯罪工作，建立反腐廉政工作长效机制

为加强兴畲高速公路项目建设中的党风廉政建设和工程质量的监督管理，增强广大干部廉洁自律的自觉性，营造勤政廉洁、遵纪守法的工作氛围，预防职务犯罪环节的出现，预防职务犯罪案件的发生，公司党支部在上级党委的领导下，联合梅州市检察院在兴畲高速公路项目建设中开展创“人民满意建设工程，人民满意建设者”（简称“两满意”）的活动，并成立了活动领导小组，制订并下发了具体实施方案，共同做好重大建设项目同步预防职务犯罪工作。

在开展同步预防职务犯罪工作中，始终坚持“制度监督保障，关口前移，重在预防，时刻保持警钟长鸣”的工作方针，制订并落实各项制度，实施全方位、多角度、全过程的监督，坚持公开、公平、透明的原则，形成以制度管人，按制度办事的长效机制，确保项目建设廉政目标的实现。

1. 健全制度，抓住重点环节

同步预防工作“一靠教育，二靠制度”，在做好纪律教育工作的同时，梅河公司还采取了一系列行之有效的制度。

（1）实行工作会议制度。通过与梅州市检察院召开工作会议，互相通报情况，对工作的开展进行总结检查，根据工程建设情况，针对不同时期可能出现的多发、易发职务犯罪环节，确定同步预防工作的重点和对策并组织落实。检察院的同志对我们的工作给予了大力支持和帮助，为兴畲项目同步预防工作的顺利推进提供了保证。

（2）坚持巡视和检查制度。针对工程建设自身的特点，同步预防工作领导小组建立了定期的巡视和检查制度，定期到施工现场和项目沿线各参建单位进行巡视和检查，及时了解工程建设者的思想动态和反腐倡廉工作的开展情况，并积极参加梅州市检察院召开的工作座谈会，汇报工程建设情况，及时提供检察院所需的同步预防职务犯罪相关信息和资料。

(3)规范关键环节的管理。作为项目建设的业主单位，公司严格遵照执行工程建设的程序，抓住工程招标投标、征地拆迁、工程变更、计量支付等容易滋生腐败、产生职务犯罪、需要重点预防的环节，制订了权责分明、监督到位的内部管理制度，如《合同管理办法》、《工程变更管理办法》、《工程计量管理办法》、《征地拆迁廉政措施实施办法》等一系列工程管理和廉政建设制度，努力学习"十公开"等先进廉政建设管理经验，制订了公开、公平、透明的办事机制，实施全方位、多角度、全过程的监督，以制度管人，按制度办事，关口前移，重在预防，达到防患于未然的目的。

2. 监督落实，增强预防力度

在健全各项规章制度的基础上，我们还采取了各项措施，通过外部的监督力量使预防工作达到平衡。

(1)设立廉政监督员，充分发挥廉政监督员作用。领导小组在沿线所有参建单位聘请了廉政监督员，协助同步预防工作的开展，及时召开廉政监督员会议进行工作部署，充分发挥廉政监督员作用，通过廉政监督员提供信息，一是及时了解思想动态，方便及时做好思想教育；二是及时发现不良苗头，迅速予以指正和整改，将其消灭在萌芽状态，预防职务犯罪的发生。

(2)设置廉政建设举报箱，建立有效的举报和投诉渠道。领导小组还在沿线各参建单位项目部设立了廉政建设举报箱，公开了监督电话，建立起有效的举报和投诉渠道，引入社会监督的力量，进一步加强了预防力度。领导小组的成员按照举报箱管理办法每季度定期组织开启一次举报箱，对举报的问题及时研究处理，并认真做好开启举报箱的记录；对检察院的举报电话得到的有关信息，及时协助检察院调查取证。

搞好同步预防工作方法是基础，工作态度是保障。公司领导在高度重视同步预防工作的前提下，不断提高自身和工作人员的思想认识，秉着严谨主动的工作态度，加强与梅州市检察院的沟通、配合，积极探索、务实创新，采取事前计划、事中监督、事后检查等行之有效的方法，力求标本兼治。同时明确职责,落实责任,建章立制,加强对易发、多发职务犯罪的各个工作环节的管理,强化监督机制,力求把不按章办事、违法违纪现象消灭在萌芽状态,防止违法案件的发生。

同步预防职务犯罪工作的开展,对项目全体建设者起到了明显的威慑和震撼作用。严密、规范的预防、监督机制有效地遏制了吃、拿、卡、要等不正之风;公开、公平、透明的办事机制有效杜绝了暗箱操作的可能性;引入社会的监督力量更是使一些投机不法分子无所遁行,及时将违法违纪现象消灭在萌芽状态。截至今日,兴畲高速公路建设在责任期内无违法犯罪和严重违纪的现象发生,无贪污、贿赂和各种经济案件发生,同步预防职务犯罪举报为零,有效地发挥了为项目建设保驾护航的作用。

(三)重点抓好工程建设过程中易诱发各种职务犯罪的关键环节的管理

工程建设领域是各种腐败案件易发、多发区。近年来,工程行贿、工程变更、假招标和"黑白"合同等形式的"工程腐败"现象时有发生。高速公路建设中也出现了"高价路"、"腐败路"现象,甚至流传着"工程上马,干部下马"、"建成一条高速公路,垮掉一批干部"的说法。梅河公司注重从机制上规范项目建设行为,尤其是易诱发各种职务犯罪的关键环节,确保兴畲高速公路建设无职务犯罪案件发生。

1. 工程招标工作坚持"六公开"

在兴畲高速公路招标工作中,全过程执行公开、公平、透明的原则,各环节实行"阳光操作",全方位、多角度、全过程的监督,在严格执行《中华人民共和国招标投标法》、《交通部公路水运工程招投标管理办法》及《广东省实施(招投标法)办法》等法律、法规、规定的基础上,认真执行经广东省交通厅核准(批复)意见确定的招标范围、组织形式及招标方式。在招投标活动中,严格落实"招标人自主招标、评标委员会自主评标、招标人自行定标、政府依法监督"的原则,充分保证招标行为的公开、公正、公平,保证招标工作的廉政自律,可归纳为"六公开":招标公开、投标人标段划分公开、开标过程公开、评标过程公开、评标结果公开、中标人及候选人信息公开。

提高招标过程的公开度、透明度,做到"三个有利于":一是有利于选取信誉好的施工、设计及监理等单位;二是有利于提高高速公路的建

第四章

设质量；三是有利于减少工程项目的成本，降低工程项目造价。

2. 施工管理过程层层监督

项目招投标结束后即进入施工过程管理阶段，也是预防腐败需要经历最长的时间，过程控制稍不到位，极可能发生腐败行为。针对这一特点，必须制订长效预防机制，做好人员分工和相互监督。

设计变更是工程管理过程中最容易出现腐败行为的环节，为做好兴畲高速廉政建设工作，公司成立变更小组，对每个工作人员进行分工，并根据设计变更增加费用和技术难度对变更进行分类。要求每一类变更必须要相应人员现场讨论形成会议纪要，绝对不允许出现个人到现场确定方案，事后补签会议纪要的行为。

现场的质量管理也是经常滋生腐败行为的土壤，公司领导一直强调，质量问题同时也是腐败问题，利用自己手中的权力，为承包人偷工减料打开绿灯本身就是一种腐败行为，是对工程、对人民、对党和国家极其不负责任的行为。因此公司建立层层监督机制，现场发现的质量问题首先追究监理人员责任，监理人员是整个工程质量控制的核心，如果核心出了问题，整个工程的质量就不堪设想；其次追究业主现场管理人员的责任并加强对施工单位的人员和经济处罚，要求发生一起，必须彻查一起，绝对要在工程建设中牢牢树立质量第一的观念。

公司强调加强交工验收的管理工作。交工验收是对整个工程建设的最终评价，为防止承包人将不合格产品交付使用，公司成立交工验收领导小组和交工验收小组，当中又在小组分成几个小组，对每个分项工程要求在现场交验过程中必须要两个人同时同意方可以进行交验，对不合格的产品坚决不允许交验，通过以上措施，较好地完成了交工验收工作。

3. 资金使用公开

在计量支付过程中，梅河公司严格按照合同管理有关规定进行计量支付程序，制订详细的计量支付管理办法，运用“HCS 公路项目建设管理系统”专业软件，把公路项目建设的全面管理和计算机应用技术紧密结合起来，其业务管理范围涵盖了业主、监理和承包人三个方面的工作，集公路项目建设的招标投标、概算管理、合同管理、变更设计、计划进度、计量支付、通信管理和查询管理以及竣工文档管理等各项业务，实现异地办公自动化功能，一切行为都可从网络中查询，为公路项目建设提供快速、准确、全面的管理信息，真正实现项目建设的全程动态管理和实时监控,成为项目建设三大控制(质量、进度和造价)和两大管理(合同管理和信息管理)以及廉政建设的核心技术保障。HCS系统为承包人提供及时的计量功能,为监理和业主提供及时的审核、审批功能,从而使正常的计量支付周期由原来的50~60天降为20天左右就能拿到进度款,保障了支付的时效性,极大地调动了承包人的积极性,保证了工程进度。

四、强化质量管理,保证项目建设质量

和谐管理的最终目标,就是要实现项目内部与外部的和谐统一。从项目内部看,和谐管理最重要的目标,就是保证项目建设的质量。在兴畲高速公路建设过程中,梅河公司在总体目标管理中明确提出了质量目标:

(1)建设过程中力争达到"零返工率";

(2)分享工程合格率100%,优良率达到92%以上,项目竣工验收综合评分92分以上;

(3)杜绝重大质量事故,努力消除质量通病;

(4)确保优良工程,争创优质工程。

在工程建设过程中,围绕工程建设质量目标,梅河公司和全体参建单位齐抓共管,加强质量管理,主要采取了以下措施。

(一)因时制宜,精耕细作,抓重点难点,确保整体工程建设质量

从工程建设开始阶段,梅河公司就严格控制每一道工序关,对分部分项工程的关键部位、关键环节,杜绝由于人为因素的疏忽、错漏造成对工程建设质量的影响。在工程建设前期阶段,我们主要抓好清淤换填、涵洞、通道基础、混凝土外观、桩基施工等工程质量,然后是桥梁立柱、梁板的外观和内在质量,填挖交界路堤施工质量,也是我们控制工程质量的关键部位的关键环节工序,后期主要是严格管理路槽中间交验和路基交工验收,确保路基质量优良,从总体上对不同阶段采取预防为主的管理重点,制订相应针对性措施和重点督促相结合的方式来强化现场管理,做到工作条理层次分明,把握主流,致力于解决主要矛盾,不打乱仗。

(二)严格管理措施,强化管理体系

在工程建设开始阶段,梅河公司要求各参建单位落实有关质量管

理人员，督促各承包人建立健全质检体系和机构，制订科学可行的质量管理办法，完善施工质量自检体系，是质量管理的重要措施。同时，建立三级质量管理目标责任制，把监理、总包、工班三级质量管理的具体目标职责明确到具体桩号、地段及工点，确保每项工程、每套工序、每个施工点都处于受控状态，做到了层层有人管，事事有人抓；同时在全线推动创优活动，掀起赶、学、比、帮、超的劳动竞赛热潮，树立优质样板工程。通过开展上述一系列的质量管理活动，有力保障了参建单位质量体系正常运转，为质量管理工作打牢了基础。

（三）从源头抓起，建立原材料准入制度，严格控制原材料质量

对原材料实行严格的准入制度。由于兴畲高速公路未实施业主供材，所有材料都由施工单位自主进行招标选定，包括钢筋、水泥、沥青、钢绞线、锚具、桥梁伸缩缝、砂、石等材料，因此，建立原材料准入制度，严格控制原材料质量，是十分必要的。对钢筋、水泥、沥青、钢绞线、锚具、桥梁伸缩缝等主要材料，均要求先由施工单位实地考察后择优推荐上报，符合要求并经批准同意后，才能进入施工现场，再由监理现场抽检或送检，确保材料合格后才能用以施工。同时对一些特殊材料，要求监理加大抽检频率，确保进场材料必须合格才能投入使用。

（四）建立每月质量联合检查制度，排查质量隐患，确保工程建设质量

梅河公司每月组织业主、监理对全线工程质量进行联合大检查，尤其对薄弱环节紧抓不放，同时全力配合、支持和响应监督站的监督检查，督促标段彻底整改、及时反馈，得到了质监站以及同行业内部的一致好评。在工程进展过程中，结合不同阶段开展树样板工程活动，达到“树典型、抓中间、促后进”的效果，使得现场形成“比、学、赶、超”的良好氛围，有效地保证了工程质量。

第五章 兴畲高速公路项目实施“和谐管理”的效果

第一节 项目与社会的和谐

兴畲高速公路是国家重点公路汕(头)昆(明)公路在梅州境内的便捷通道,也是广东省高速公路网规划的组成部分。它将汕梅高速公路与梅河高速公路有机连接在一起,缩短了潮汕地区与粤东北地区的交通运输距离,是广东省高速公路规划网的重要组成部分。它的建设对完善国家重点公路网和广东省高速公路网布局,加强梅州地区与潮汕地区的经济往来,落实广东省委、省政府关于加快山区开发建设,促进区域经济协调发展,促进全省共同富裕,构建和谐社会的战略目标,具有重要的战略性意义,因此建设兴畲高速公路的本身就是落实“和谐”的一个重大举措。

一、建设大交通,促进大发展

2006 年,广东省省委、省政府首次提出“建设大交通,促进大发展”的战略决策,随后出台了加快大交通建设的 28 条意见,成为广东省发展交通事业的纲领性文件。从一路一桥到“构建具有区域竞争力的现代综合交通运输体系”,广东省开启了建设交通的新篇章。围绕大发展目标,到 2010 年,广东省高速公路通车历程将达到 5 000 公里,将有 16 条高速公路出省通道。同时,广东省将加快珠三角洲“三纵三横”高等级航道网建设,加快以广州、深圳、珠海等主枢纽港和以虎门、中山等节点的珠江口港口群建设,大交通新格局将基本形成。兴畲高速公路是广东省交通厅、省交通集团贯彻广东省委、省政府提出“大交通促进大发展”战略指导思想的重要举措。兴畲高速公路建成通车后,对完善国家重点公路网和广东省高速公路网布局,加强梅州地区与潮汕地区的经济往来，承接广州、深圳、珠江三角洲等发达地区的产业转移具有重要意义。

兴畲高速公路沿线主要影响的市县是梅州市及所属的兴宁市、五华县、梅县，属于粤东北山区。该地区地形条件差，交通基础设施落后，经济发展受交通运输条件和区位条件的制约程度较大，限制了该区域承接广州、深圳、珠江三角洲等发达地区的经济辐射带动影响。兴畲高速公路建成通车后，对促进沿线地区产业结构调整、发展地方特色经济、培育新的经济增长点，实现粤东北地区的快速发展意义重大。兴畲高速公路建成通车后，项目对影响区内社会经济预测结果❶如表 5-1 和表 5-2 所示。

广东省、梅州市社会经济当时预测 表 5-1

年份(年) \ 地区 / 指标		广东省		梅州市	
		GDP	人口	GDP	人口
2002		11 674.40	7 649.29	204.69	488.32
增长率	2002～2005	9.00%	1.30%	9.00%	1.00%
	2005～2010	8.00%	1.20%	8.50%	0.90%
	2010～2020	7.00%	1.00%	7.00%	0.80%
	2020～2026	6.00%	0.80%	6.00%	0.75%

注：GDP 单位为亿元，当年价；人口单位为万人。

梅州市所属各县社会经济当时预测结果 表 5-2

年份(年) \ 地区 / 指标		广东省		梅州市		兴宁市	
		GDP	人口	GDP	人口	GDP	人口
2002		42.42	60.55	26.45	118.64	39.95	112.71
增长率	2002～2005	11.00%	0.50%	9.00%	0.80%	9.00%	0.75%
	2005～2010	9.00%	0.45%	8.00%	0.70%	8.00%	0.70%
	2010～2020	8.00%	0.40%	7.00%	0.60%	7.00%	0.60%
	2020～2026	7.00%	0.45%	6.00%	0.50%	6.00%	0.55%

注：GDP 单位为亿元，当年价；人口单位为万人

❶此处采用的是回归分析方法，测出预测模型，计算模型预测速度；以广东省预测的经济指标为参照，参考各市县制定的“十五”远景规划目标，结合 1997 年亚洲金融危机后，1998～2002 年各市县经济实际发展情况，综合分析确定主要经济指标未来发展速度。

兴畲高速公路的影响区域内,国道205线、省道225线、省道120线是最主要的干线公路。考虑诱增(+)、铁路转移(-)后,兴畲高速公路及主要相关老路各特征年交通量最终预测结果如表5-3所示。

兴畲高速公路及相关老路交通量当时预测结果　　表5-3

兴畲高速公路交通量预测结果(单位:标准小客车/日)				
年份(年)	畲江~新圩	新圩~坜坡	全段平均	
2007	9 338	9 692	9 519	
2010	12 087	12 565	12 331	
2020	22 046	22 980	22 522	
2026	27 921	29 250	28 599	
省道225线交通量预测结果(单位:标准中型车/日)				
年份(年)	水口~新圩	新圩~坜坡	坜坡~兴宁	全段平均
2003	3 650	3 830	4 660	3 940
省道225线交通量预测结果(新线)				
年份(年)	水口~新圩	新圩~排子岭	排子岭~兴宁	全段平均
2007	2 248	2 352	2 375	2 319
2010	2 670	2 775	2 803	2 742
2020	3 884	4 043	4 083	3 993
2026	4 650	4 884	4 933	4 808
省道225线交通量预测结果(老线)				
年份(年)	新圩~坜坡	坜坡~兴宁	全段平均	
2007	1 130	1 352	1 209	
2010	1 277	1 527	1 366	
2020	1 596	1 909	1 708	
2026	1 756	2 100	1 879	

根据交通量分析及预测,由于兴畲高速公路的建设,大大提高了通道的通过能力,使梅汕、梅河高速公路有效地连接起来,诱发了沿线地区车辆出行,并吸引其他相关省道的交通流量,到2026年,项目预测交通流量达到28 599辆/日(小客车),满足4车道高速公路标准要求。如果不建设兴畲高速公路,省道225线(新线)无法满足交通量快速增长的需求,大部分长途交通量(广东东南地区与西部、北部地区之间交

通量)利用梅汕、梅河高速公路将多绕行30公里左右,增加了汽车运营成本。因此,兴畲高速公路的建设满足通道内交通量的快速增长,有效地分担相关公路的运输压力,主要承担长途出行或时间性强、货物价值较高的汽车出行量,相关老路主要承担区域间中、短途或时间性差、货物价值较低的汽车出行量,新老路分担通道交通流量功能较为合理。

二、推动绿色崛起

兴畲高速公路地处粤东北山区,为彰显山区的后发优势,按照科学发展观和生态发展区的定位,梅州等地区提出了以绿色经济为支撑,"推动绿色崛起,实现科学发展观"的战略构想。所谓绿色崛起,就是以生态保护为前提,以经济崛起为核心,为文化建设为支撑,以社会建设为基础,以政治建设为保障,以最小的环境代价和最合理的资源消耗,获得最大的经济社会效益,推动地区在青山绿水中异军突起,跨越式发展,形成具有地方特色的科学发展模式。现阶段,主要是以"宜居带动宜业、宜业提升宜居"为突破口,建设绿色现代产业体系,增强文化实力,着力保障社会安宁,充分发挥自然禀赋和人文优势,最大限度地集聚发展要素,提升长远竞争力,从工业化初期直接进入到后工业化社会。

项目所在影响区域梅州市,正在实施"开放的梅州为先导、工业梅州为核心、生态梅州为基础、文化梅州为动力"的"四个梅州"发展战略。该市地处韩江和梅江的水源聚集地,是广东省重要的生态发展区,拥有良好的生态环境、深厚的文化积淀、和谐的社会氛围,但远离中心城市。继续走粗放型发展的传统老路,不仅会制约梅州的发展,更会严重制约梅州自身优势的发挥。因此,只有推动绿色崛起,梅州才能扬长避短,把握现代文明变革的主进程,破除不利于科学发展的消极因素;只有推动绿色崛起,梅州才能充分发挥自然禀赋和人文优势,提升长远竞争力,最大限度地集聚发展要素;只有推动绿色崛起,梅州才能避免走发达地区曾经走过的弯路,跨越低端工业化导致自然生态环境恶化的阶段,实现持续健康发展。

而兴畲高速公路的建设为沿线各地区加快绿色崛起提供了可能。值得一提的是,广州(梅州)产业转移工业园就设在畲江。园区于2005年下半年开工建设。首期403公顷,目前已投入2.2亿元,开发建成面积69.3公顷，拟再投入4亿元于2009年前全面完成403公顷的开发建设。建成区已完成了基础设施建设，实现了“七通一平”；日处理污水6 000吨的园区集中式污水处理厂目前也已动工建设。同时，按照规划园区现正抓紧1 300多亩征地拆迁工作。梅州机电特色产业基地、汽车零部件产业梅州基地已通过广东省的认定。该园区现有24家企业进园，计划投资总额10.23亿元，其中已投产企业12家、在建5家。园区以“工业新城，生态园区”作为发展定位，结合梅州“推动绿色崛起，实现科学发展”战略，高起点、高标准进行规划。整个园区划分为主导产业区、关联产业区、综合服务区和生态休闲区4个功能区。园区以承接和发展汽车零部件为主导产业，以通信电子设备、电气机械制造、金属制品、研发、物流等产业相配套，重点发展汽车变速器、车桥、起动机、发电机、汽车齿轮、汽车电器等产品。兴畲高速公路建成后，从广州到工业园只需3个小时，可比之前节省近1个小时。因此，兴畲高速公路建成通车后，广州（梅州）产业转移工业园将有效地促进园区承接珠三角乃至国际产业转移所产生的产业扩散效应，形成园区在资金、人才、技术等方面的积极效应，启动粤东北山区的经济发展引擎，以及通过旅游业的发展来带动经济的腾飞提供了实现的通道。

第二节　项目与政府的和谐

高速公路建设是一项复杂的系统工程，参与主体涉及政府、群众、业主、承包方等多方面。其中，政府是自然资源和社会资源的管理者，在高速公路建设中的作用至关重要。一方面政府要协助项目业主单位完成征地拆迁工作，协调项目业主单位与当地群众之间的矛盾冲突，是项目业主单位和当地群众之间的桥梁和纽带；另一方面政府作为政策制定者，对高速公路建设起到监督和引导作用。因此，在高速公路建设过程中，必须高度重视项目与政府的关系，保证项目的顺利进行。兴畲高速公路是交通部推广设计施工总承包模式的试点项目，从广东省省委、省政府到沿线各级党委、政府、相关部门都对兴畲高速公路项目给予了大力支持，形成了和谐的“地路关系”，保证了兴畲高速公路建设环境的和谐，为工程的顺利进行奠定了基础。

一、各级政府部门高度重视并积极支持项目建设

(一)广东省省委、省政府及相关部门高度重视兴畲高速公路建设情况

兴畲高速公路是广东省委、省政府实施“泛珠江三角洲”经济圈，带动和加快粤东山区经济又好又快发展的重点工程建设项目之一，也是梅州市境内第一条沥青高速公路。自兴畲高速动工之日起，广东省委、省政府就高度重视兴畲高速公路建设。在兴畲高速公路建设过程中，广东省省委、省政府及相关部门领导多次到项目建设现场，视察和指导项目建设，并号召地方各级党委政府、各相关部门进一步做好后勤保障工作，确保工程建设顺利进行。

2008 年 9 月 13 日，广东省委副书记、省长黄华华，省委常委、广州市委书记朱小丹，率领省政府秘书长、办公厅主任徐尚武等省直有关部门负责同志，在广东省交通集团董事长朱小灵、梅州市委书记刘日知、市长李嘉及投资公司董事长黄国宣、总经理曹晓峰、梅河公司总经理李坚、党支部书记韩洪等的陪同下，深入到兴畲高速公路一线施工现场进行调研，了解项目建设情况。黄华华省长强调，兴畲高速公路的建成通车对梅州地区的发展非常重要，特别是梅州产业转移工业园就设在畲江，兴畲高速公路建成后，从广州到工业园只需 3 个小时，便利的交通更能吸引投资者的目光，破解梅州区位劣势，走出区位围笼，并要求地方各级党委政府、各相关部门进一步做好后勤保障工作，确保工程建设顺利进行。

2007 年 1 月 11 日，时任广东省交通厅厅长张远贻一行到兴畲高速公路建设工地视察，关切地询问项目建设中的各项困难，提出了解决方案。得知沿线征地拆迁工作存在困难，对施工造成极大影响后，立刻安排专人亲自挂帅，力促各个难点问题的解决，对项目建设给予高度重视。2008 年 10 月 10 日，广东省交通厅厅长何忠友、省公路局局长柳和平等一行前来兴畲高速一线施工现场视察，对兴畲高速公路建设取得的成效给予充分肯定。

根据统一部署，兴畲高速公路通车时间提前了 5 个月，广东省省委、省政府更是关注项目的建设情况，要求各级政府部门全力支持兴畲高速公路建设，广东省交通集团在工程建设资金上给予大力的支持，保证建设资金及时到位，确保项目按期建成通车。

（二）沿线政府及相关部门积极配合兴畲高速公路建设

兴畲高速公路作为一条优化发展环境、提升区位优势、加快招商引资步伐的项目，得到沿线各级政府的高度重视以及百姓的热烈欢迎。2006年4月在项目动工建设之前，梅州市及沿线兴宁、梅县分别成立了兴畲高速公路建设指挥部，如图5-1～图5-3所示，全力以赴支持该项目建设。梅州市2008年政府工作报告中指出：“积极推进重点项目建设，加快兴畲高速公路等在建项目进度”。兴宁市2008年政府工作报告也指出：“全力协助兴畲高速公路加快建设进度，确保如期建成通车”。在各级政府部门及相关部门的积极配合下，尽管兴畲高速建设也遇到了很多难题，但是在各级政府的积极推动下，项目建设一直处在有条不紊的建设过程中。

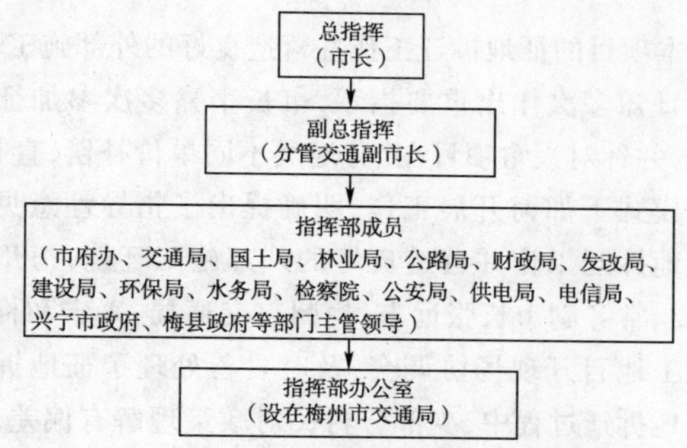

图5-1　梅州市兴畲高速公路建设指挥部机构图

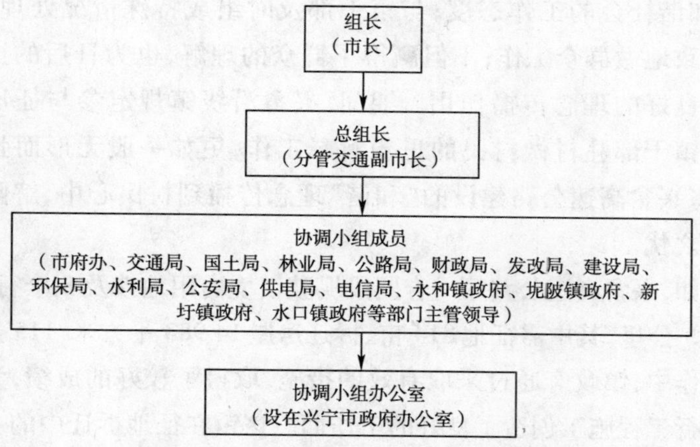

图5-2　兴宁市兴畲高速公路建设工作协调小组

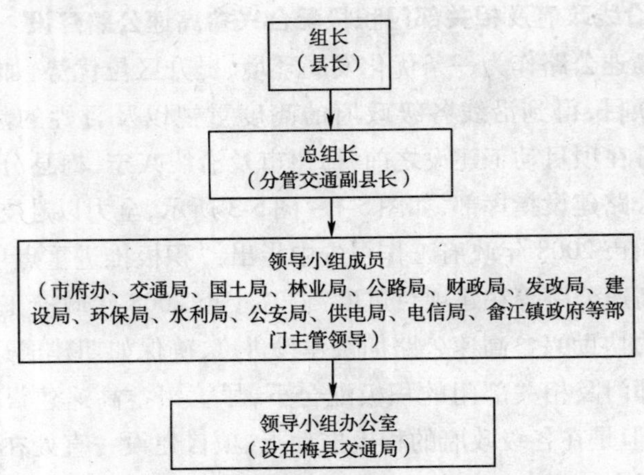

图 5-3　梅县兴畲高速公路建设工作领导小组

为加快本项目的征地拆迁工作并营造良好的外部施工环境，梅州市委书记刘日知多次作出重要指示，市长李嘉多次参加征地拆迁专题协调会议，并针对兴畲项目在“分地类不同单价补偿，直补到户”的征地拆迁新模式下如何开展工作，明确提出了指导性意见。为加快该项目的征地拆迁工作并营造良好的外部施工环境，梅州市市长李嘉，市委常委、常务副市长张远方，梅州市交通局，兴宁和梅县的负责同志多次在工地召开现场协调会，及时妥善处理了征地拆迁中各种困难。在征地拆迁过程中，少部分村民对政策理解有偏差，导致产生了纠纷而不配合征地工作现象的出现，梅河公司本着依靠政府、以人为本、和谐社会的工作态度，与镇干部及时组成特殊情况处理小组，深入细致地做群众工作，不但赢得了群众的理解，也为日后的拆迁工作起到良好的理念传播作用。期间，兴畲沿线镇规定参与征地拆迁工作的镇干部驻村做村民的思想解释工作，更如一股无形而强大的力量，将兴畲高速公路建设的“和谐”理念传播到村民心中，解除村民的后顾之忧。

例如，兴畲高速公路第一合同段坭陂镇境内用地涉及 8 个行政村，全长 8.5 公里，其中需征地 814 亩、拆迁房屋 14 983 平方米/115 户。在拆迁工作中，镇政府通过采取有效的措施，取得了较好的成绩，为施工单位进行工程施工创造了良好的工作面。该镇在征地拆迁中的主要做法如下。

首先是加强领导,层层落实责任。成立了坭陂镇兴畲高速公路征地拆迁领导小组,由镇党委书记、镇长兼任正副组长,从国土、公路、财政等部门抽调专人参与。对辖区内8个村分为上下两个片段,由镇党委副书记、常务副镇长各负责一个片段,各级行政村与镇党委、政府签订完成征拆任务的责任状,从而使征拆任务层层分解落到实处,落实到每个责任人身上。

二是讲究工作方法,分类分段拆迁。他们坚决按照兴宁市政府和梅河公司的要求,在宣传发动、贯彻政策、认真做好征拆群众的思想政治工作的基础上,深入调研,分类分段,先易后难,找准切入点和突破口。对杂房、无人居住的老房,确定在2007年3月25日前拆完;4月10日前拆完楼房;对个别难通户、钉子户,由领导包干负责,于4月15日前拆除。

三是采取激励措施,充分调动积极性。该镇政府为了加快拆迁进度、按期完成工作任务,镇领导班子研究决定在有限的工作经费中拿出一部分资金,决定对在2007年3月16日前主动拆除主房的拆迁户予以奖励,其中拆迁房屋50平方米及以上的奖励500元,50平方米以下的奖励300元;对在规定时间内全面完成拆迁任务的包干工作人员,将在总结阶段予以嘉奖。此奖励措施一出台,一度出现了拆迁户争先恐后进行搬迁的热潮,大部分拆迁户在符合奖励时间内将拆迁房移交镇政府自行处理。拆迁热潮的形成对带动该镇乃至整个项目全线的房屋拆迁和加快进度起了一个很好的示范触动作用。

由于领导重视、责任到位、工作扎实、措施有力,充分调动了各主要负责人的拆迁积极性,有力地保障了该镇房屋拆迁进度,为兴畲高速公路项目坭陂境内施工队伍提供了一个良好的施工环境。截至2007年4月15日,坭陂镇的房屋拆迁工作已告全面完成,征拆措施和政策得到了被征拆户的理解和支持,成绩也得到了兴宁市领导的赞赏和肯定,并为其他镇加快征拆进度提供了一个很好的参考模式。

二、加强与地方政府沟通

在征地拆迁过程中,沿线县(市)人民政府为被委托征地拆迁单位,下设兴畲高速公路建设指挥部,负责敦促乡镇政府开展日常征拆工作。由于政府工作人员对高速公路建设的各项时间要求不是很清楚,为更好地保障项目征地拆迁工作顺利推进,梅河公司加强与地方政府沟通,在日常沟通中了解政府征拆工作的进展情况,若发现存在滞后工作,则马上提醒政府需采取措施予以改进。通过及时跟进政府征拆工作,较好地推进了政府应及时完成的征拆准备工作。

同时梅河公司还要求各镇政府安排现场征拆工作组集中进行征地拆迁工组业务学习,尽快熟悉合同协议条款、征拆标准、征拆管理办法、相关图纸,及时答复征拆人员的疑问,提高政府征拆人员的责任心和责任感。如发现地方征拆人员觉悟性不高,一味帮被征拆户要求额外增加数量、提高标准,造成业主直接面对被征拆户,给征拆工作增加障碍,碰到诸如此类现象,梅河公司也坚决暂停现场征拆工作,马上召开紧急征拆工作会议,要求及时纠正征拆人员工作态度及工作方法的不当之处。企业与政府一道确保现场征拆工作顺利进行,履行合同义务、减少工作失误,梅河公司与政府双方互相促进,顺利完成了各项征拆工作。

随着工程建设的不断深入,尽管征拆任务逐渐减少,但一些地方阻挠因素仍然存在。引发阻挠行为的原因有很多,比如由于设计不完善或施工过程中存在的问题,对群众利益造成损害而未及时补偿等原因。这需要各级征拆主管人员经常沟通,确保问题的公正、公平、快速、合理的解决。

三、创新征地拆迁模式

(一)征拆总体进展回顾

2006年12月中旬,兴畲高速公路项目正式开始进行现场征地拆迁工作,至2007年3月底基本完成现场征地交地、零星果树和竹木清点砍伐、坟墓清点迁移;至2007年12月底全面完成房屋和电力、通信等管线拆迁、边角地确定、特殊个案处理等任务。

(二)征拆数量

兴畲高速公路实际征用各类土地2 821.105 7亩;房屋主体占地面积为兴宁市47 104.29平方米、梅县3 372.46平方米,合计50 476.75平方米;电力电线和通信线路拆迁66处。

(三)征拆费用

兴畲高速公路项目征地拆迁批复概算为1.49亿元,根据以往高速公路建设的经验,采用以往的施工招标模式和委托地方政府大包干的征地拆迁模式,预计征地费用将超概算6 000万元。由于本项目采用设计施工总承包模式,施工过程中由于设计不完善导致需进行红线外补征地及沿线的改路、改沟等费用均由总承包方承担,有效控制了征地拆迁的费用。据初步统计,兴畲项目征地拆迁费用约1.43亿元,比批复概算节余约600万元,比以往的模式节省约6 600万元。

(四)社会效应

由于兴畲项目征地拆迁坚决执行“公正、公开、公平、透明”的工作原则,受到群众的普遍欢迎。首先顺利通过两县(市)政府组织的沿线被征地拆迁户代表听证会听证,随后两县(市)政府正式出台兴畲高速公路兴建及征地拆迁公告,并在沿线公开张贴,使沿线百姓准确了解各种征拆项目的补偿标准,这一措施有效消除群众普遍担心的“克扣补偿费用”的顾虑,减少了抵触情绪,对加快现场征地拆迁工作速度、减少上访行为相当有利。在整个项目的征地拆迁过程中,未发生一例上访行为,为兴畲项目的顺利推进和构建和谐兴畲打下了坚实的基础。

纵观兴畲高速公路项目征地拆迁全过程,紧紧围绕创新设计施工总承包管理新模式这一目标的同时,坚定不移地执行上级行业主管部门的要求,致力打造“分地类按不同单价直补到户、实行税费和补偿费分开支付”的兴畲高速公路征地拆迁新模式。通过设立健全的机构、制订完善的征拆管理办法、建立严格的征拆廉政制度及其保障措施,充分调动地方政府、业主单位、设计总承包单位等参建单位的征拆责任心。同时,兴畲高速公路项目征地拆迁工作也得到各级党委、政府和部门及交通行业各级主管部门的高度重视,不留遗力地协调解决征拆遗留问题和建设用地报批问题,以及加上项目全体征拆工作人员的共同努力、协作,成功将兴畲高速公路征拆模式打造成具有“机构健全、责任分工明确、办法完善、制度严明、补偿标准清晰、补偿透明到位、问题处理务实快速、资料齐全、数据完整、消除上访事件、无廉政贪污事件发生”等鲜明的特点,充分体现“公正、公开、公平、透明”的征拆原则,实现将兴畲高速公路建设成为真正意义上的“阳光路”、“廉洁路”、“民心路”。可以说,兴畲高速公路征地拆迁工作为项目顺利建成通车、打造成功的设计施工总承包全新模式作出了突出的贡献。

第三节 项目与环境的和谐

随着公路建设特别是高速公路建设的步伐越来越快，公路建设与环境保护之间的关系也日渐尖锐。高速公路建设是一项庞大的系统工程，不仅要占用大量农田，而且施工和营运期间，各种车辆也会造成污染和危害，它的修建无疑为周边自然地形、景观、地质、地貌、生态环境带来一定程度上的影响。公路环境保护的主要目的就是控制这种损害的程度不超过自然的承受能力，不让生态失去平衡而危及人类社会赖以生存的自然条件。为此，在发展高速公路的同时，必须重视环境保护，将社会发展和人类生存联系起来，寻求公路建设与环境保护之间的内在联系及发展规律，建立环境评价专门机构，把公路交通建设、施工工艺与环境和谐放在同等重要的位置，构造一个安全、舒适、优美的公路交通环境。

高速公路是一个数十、数百，甚至数千公里的带状庞大构造物，通过不同的地域和不同的环境一起构成了一个复杂的生态系统。兴畲高速公路建设就是把建设工程与环境生态工程按系统最优化结合起来，在完成高速公路工程建设的同时，改善环境结构、减少污染、降低噪声的生态工程建设，使公路交通设施作为一种人文景观与周围景观在更大范围内融为一体，形成美化国土、保护自然、改善环境和抵御灾害的带状公路生态系统或区域交通生态系统。兴畲高速公路建设是生态环境保护与可持续发展的结合点，不仅是当地经济社会发展的先行者，更是生态建设和环境保护的重要手段。

在兴畲高速公路建设过程中，生态建设与环境保护的任务十分艰巨，竭尽全力做好生态环境建设和保护工作，这不仅是现阶段粤东北地区经济社会实现又好又快发展的当务之急，更是长远可持续发展的重大战略问题。兴畲高速公路沿线丘陵山地广布，丘谷相间，地势起伏较大，河网密布。它的设计贯彻了以人为本、与自然为友的环保新理念，在施工过程中，坚持“边建设，边修复”，梅河公司始终把生态环境保护放在重要位置。在兴畲高速公路建设过程中，梅河公司牢固树立“不破坏就是最大的保护”的理念，正确处理基础建设与生态建设的关系，加强环保意识，自觉保护当地的生态环境，建立和完善监督检查制度，努力形成人人重视环保、关注环保、参与环保的氛围，把环境保护贯穿于工程建设的全过程，努力把兴畲高速公路建设成样板路、生态路、文明路。兴畲高速公路与传统高速公路相比有本质的差别，它避免了只追求线形质量，遇山开路，遇水搭桥的传统设计观念，主要表现在如下几个方面。

一、可持续发展思想与效益最大原则

兴畲高速公路是由生态环境、社会经济和建设技术等多种构成因素相互作用、相互影响、相互制约而成的综合体。它是在尊重自然和自然规律的前提下，以可持续发展思想为指导，实现资源合理配置，公平地满足现代与后代在发展和环境方面的需要，不因一己之私和一时之利而用掠夺的方式来促进公路暂时的快速建设，断绝了人类自身可持续发展的基本条件。此外，可持续发展实质上是社会系统与自然环境系统之间协调发展的问题。兴畲高速公路尽可能地实现生态效益、社会效益、经济效益等综合效益最大。

二、对生态环境的最小破坏和最大保护

高速公路建设受到质量、规范要求以及地质地形、水文等因素的制约，不可避免对沿线的生态环境造成一定的影响，如植被破坏，环境污染，水流失，路基、桥隧对自然环境的破坏等。兴畲生态高速公路就是以生态学、美学、园林学等以及各种工程技术措施将公路建设破坏限制在最小范围内，对已破坏的生态环境最大限度地恢复，真正使公路做到行车舒适、景观亮化、环境优美、山水自然和谐统一的整体，把高速公路建成生态路、环保路、科技路。

(一)路线优化

落实“最小的破坏，就是最大的保护”的理念，坚持环保选线。通过现场认真的调查和踏勘，承包人根据初步设计文件和外业定测验收意见对局部路段的线位进行了调整，提高了平纵断面指标，减少了占地数量。

1. K0 + 000 ~ K1 + 800 段

初步设计平面线形为长直线与坭陂互通相接，不利于行车安全，施工图设计通过增加两个平曲线，线位北移，避绕了车岗老、杨茔村等民

房密集的村庄,减少拆迁 8 507 平方米,提高了车辆运行安全系数,减少了对村民生活的影响。

2. K2 +300 ~ K5 +300 段

根据初步设计评审专家意见,将平面线位左移约 65 米,沿山体布设,平面线位调整后,对沿线村庄干扰小,减少占用耕地,避免了占用农田灌溉的泉眼,减少占用灌溉养殖的水塘约 15 亩,平面布设合理,较好地贯彻严格保护耕地规定。

3. K5 +400 ~ K7 +200 段

将路线改在东隐寺与东山小学之间采用低填路基通过,绕避了深挖方路段;减少大面积的破土,避免了对自然景观的破坏;将全线最大的纵坡 3.75% 减小为 2%,改善了纵断线形;保留了东隐寺的"风水",尊重了当地的宗教习俗。此方案在环保安全、占用土地、少拆房屋,工程造价等方面明显优于初步设计方案,并得到了兴宁市环保部门、当地村委、东隐寺、东山小学的认可。

4. K13 +500 ~ K15 +700 段

调整 JD15 位置至 K13 +930 处,使中线从垭口处穿过,K13 +900 ~ K14 +100 段可降低挖方深度约 15 米,K15 +500 ~ K15 +700 段可降低挖方深度约 6 米,从而解决了该段弃方严重的问题。

5. K17 +600 ~ K20 +000 段

通过优化将两处平曲线半径由1 100米和1 500米分别调整为 1 150 米和1 200米,使线形与地形更吻合,减少了填、挖高度和工程数量,填挖量也更趋平衡。

(二)路基优化

贯彻交通部倡导的"安全、环保、舒适、和谐"的设计新理念,借鉴其他高速公路的经验,梅河公司主要采取了以下一些做法:

(1)路基防护及边沟排水、中央分隔带排水认真学习渝湛高速公路经验,在挖方高度小于 10 米,挖方路段长度小于 100 米的路段,根据汇水面积适当设置 2.6 米宽生态型边沟,挖方段两侧设计为带盖板的矩形边沟。中央分隔带采用平缘石,超高路段采用间距加密的集水井排水。

(2)通过提供宽容的路侧净区,深挖方路段采用加盖板的矩形边沟,适当增加碎落台宽度等措施,从而提供了相对较宽的容错空间,提高了行车的安全性。

三、绿化景观效应

随着时代进步，经济发展，高速公路密度段加大，交通流量明显增多，污染日益加重，形成区域的线状污带，严重影响公路两侧居民的生活环境质量和身体健康。因而高速公路绿化的功能与作用应有新的理念，在兴畲高速公路规划、设计和建设时，注重公路与地形协调、公路与植被景观协调、公路水体环境协调、防护林带的植物配置协调以及高速公路立体交绿化协调等。在布局和美化时，一方面要给行者带来美的感受；另一方面要维护自然生态系统的平衡。

（一）坜陂互通湿地景观

1. 设计构思

兴畲高速公路对加强梅州与周边地区的交通和经济联系、改善区位条件和投资环境、促进地方经济发展都具有十分重要的意义，得到了梅州各阶层人士的极大关注；坜陂互通是兴畲高速公路的起点，因此，在设计的过程中，结合道路绿化自身特点，本着因地制宜、因势利导，注重从客家文化中汲取灵感的设计理念，在设计中突出强调三大脉络体系——文脉、水脉、绿脉的建设；同时，结合当代生态科学发展理论，在环境设计中，还引入湿地景观设计等一系列生态环保概念，力争使兴畲高速公路成为一条生态、环保、人文之路。

坜陂互通区设计以水体贯穿绿岛，并成为连接各个景点的纽带，以道路将湿地划分成不同区域，形成不同的湿地形式。主要有三大景点：竹影婆娑，云天荷香，疏林杉蒲，见图5-4～图5-6。

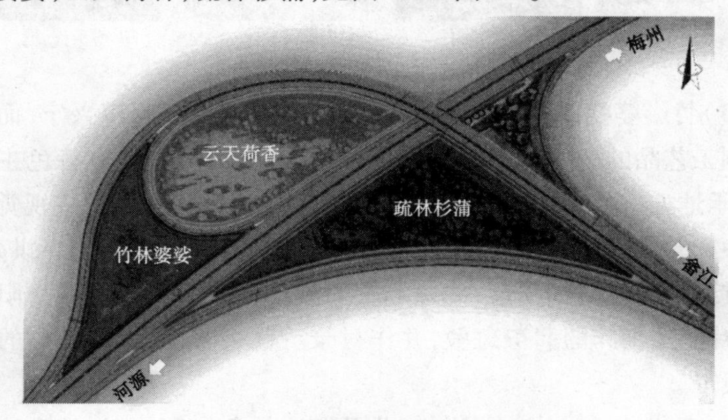

图5-4　坜陂互通区景观设计

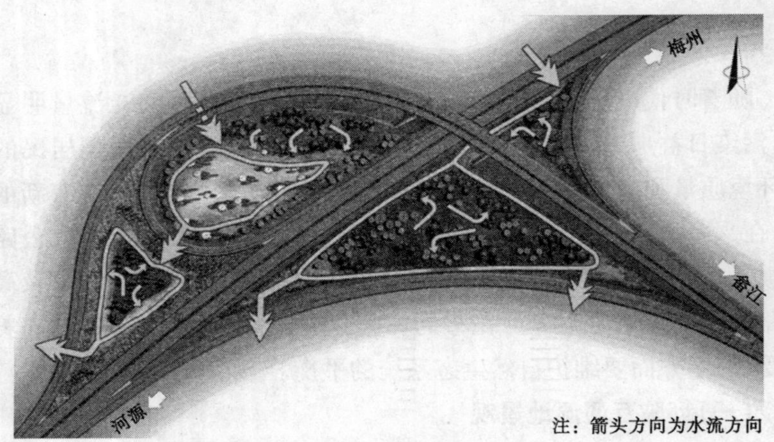

图 5-5　坜陂互通区景观排水分析

图 5-6　坜陂互通区观景植物配置

(1)竹影婆娑,凉风阵阵。坜陂互通立交地处梅州市兴宁,而兴宁以竹制工艺品的生产加工蜚声海内外。因此,为彰显地方特色主题文化,传承地方特色传统,选用了大片的翠竹作为坜陂互通的主视觉。在湿地中间起伏的地形上遍植各色竹子,并在周边搭配杜鹃、蟛蜞菊等。疏密有致的竹枝高低错落,俊逸笔直的枝干,细密婀娜的叶片,阳光透过,一片晶莹细碎的翡玉斑驳,并作衬景。蓦然回首,一副美妙的画儿映入眼帘。

(2)云水荷香,一方幽然。荷花是友谊的象征和使者,是圣洁的代表,文人墨客给予荷花极高的评价。而兴宁特定的气候条件,更是荷花生长的乐园。在大片的田畴之上,乃至在每一块空地上都种满了荷花,荷叶田田泛绿,莲花亭亭玉立,开满乡野阡陌,风月无边的莲,传承着客家人对中原文明的苦苦追寻。

此处设计据原有地形差异,通过叠山理水的传统园林造园手法来平衡地形、土方,利用河塘开挖土方及外来土方进行堆坡改造形成景观高地,构筑起伏有序的园林空间和植物造景空间;而荷塘的设计构图仿如一片巨大无比的荷叶,放眼望去,堤岸上柳树依依,荷塘中荷花争相斗艳、交相辉映,一副“接天莲叶无穷碧,映日荷花别样红”的美景尽显无疑。清新的主题“云水荷香”,更表现其独特优雅,诗意荡漾的韵味。

随车在这两区间穿行,大可领略“竹深留客处,荷净纳凉时”,“露竹舒新绿,风荷递暗香”之美景。一种幽雅让人留恋不舍。

(3)疏林杉蒲,生态型造景。此处设计据原有东西地形存有一定的高差,因此通过叠山理水的传统园林造园手法来平衡地形、土方。在生态碟行水沟区域,根据设计的需要进行筑堤等地形处理,中间区地处高程较高区域,利用周边生态碟行水沟开挖土方及外来土方进行堆坡改造形成起伏有序的园林空间。开阔的疏林草地,给人以开朗舒适、自由的感觉,而高大的水杉、水松则给人以蓬勃向上的感觉,再配以婀娜多姿、十分妖娆的水蒲桃,形成独特的地理景观及植物造景空间。整体观之,则辽阔疏朗与紧凑迂回结合,构成疏密相间、主次分明的景观画面。

2. 植物配置

在植物配置上,考虑到植物物种的多样性和因地制宜,尽量采用适应性强,成活率高的本地植物。

在湿地植物物种搭配上,力求满足生态要求,既做到对水体污染物处理的功能能够互相补充,又注意主次分明,高低错落,其形态、叶色、花色等搭配协调,以取得优美的景观构图。根据水由深到浅,依次种植挺水植物、浮叶植物和沉水植物,既符合各种水生植物的特性,又满足审美的需要。

体边缘带周边绿地主要选用姿态优美的耐水湿植物,如柳树、水杉、水松、水蒲桃、木芙蓉、含笑、莎草、蟛蜞菊等进行种植设计,以低矮的灌木和高大的乔木相搭配,用美学原则组织其色彩、线条、姿态等,创造出丰富的湿地之立面景色和湿地空间景观构图效果。

(二) K19 +100 右侧弃土场

该处为一山坳,在设计时就其弃土量进行计算,采用分级堆放、压实(图 5-7),周边做好环形排水沟,保证弃土场雨季时不因周边汇水而冲刷。弃土完成后及时进行绿化,至通车前,弃土场已是郁郁葱葱,与周边的环境完全融为一体,看不出任何痕迹。

图 5-7　K19 +100 右侧弃土场实拍

第四节　项目内部的和谐

一、企业运营管理工作

(一) 党支部、团支部工作

1. 党支部工作

梅河公司党支部在上级党委的领导下,党建工作坚持以邓小平理论、“三个代表”重要思想及党的“十七大”会议精神为指导,深入贯彻落实科学发展观,紧紧围绕公司的生产经营工作中心,推进党建工作;把项目建设的重点作为加强党建工作的着力点,全体党员干部扎实工作,迎难而上,实践先进性,争当排头兵,较好地发挥了党员的先锋模范作用和党支部的战斗堡垒作用。

(1)加强党风廉政学习教育。

①认真学习,广泛宣传。党支部组织广大党员干部认真贯彻落实中共中央、国务院和广东省省委、省政府及省纪委关于党风廉政建设要求,认真学习两个《条例》及中纪委的有关规定和条例,认真学习相关法律法规和广东省交通集团、广东交通实业投资公司相关文件精神以及公司的有关廉政制度,并通过内刊杂志、党建之窗、公司网站、办公系统等各种工具广泛宣传党风廉政建设和反腐败思想,引导职工树立正确的人生观、价值观和权力观,提高防腐拒变的能力,形成人人自律、阳光向上的企业氛围。

②结合实际,加强思想教育。党支部结合“党员示范岗”的排头兵实践活动和纪律教育学习月活动,加强对各级管理人员的法律法规、纪律、职业道德和社会主义荣辱观教育,反腐倡廉和廉洁自律教育。

梅河公司邀请梅州市委党校教授为公司全体职工举办以“深入学习贯彻党章,加强党风廉政建设”为主题的纪律教育月专题讲座,并以此次活动为契机,教育全体员工要切实做到把思想作风建设摆在首位,牢固树立社会主义荣辱观,大力发扬艰苦奋斗和勤俭节约的作风,坚决同各种不良风气和腐败现象作斗争,大力倡导“八个方面”的良好风气,注意纯洁社交圈、净化生活圈、规矩工作圈、管住活动圈,坚持原则,实事求是,廉洁自律,克己奉公,积极开展工程建设同步预防职务犯罪工作,确保项目建设廉政目标的实现。

(2)建立健全廉政机制,为反腐败工作提供有力保障。

党风廉政建设和反腐斗争要取得实效,必须严格执行党风廉政建设责任制,切实抓好工作落实。领导班子成员严格遵守党风廉政建设各项制度规定、率先垂范,做党风廉政建设的表率,公司与各部门也签订了《党风廉政建设合同书》,明确各自职责,形成了逐级负责、逐级贯彻、层层落实的廉政机制,为公司的党风廉政建设和反腐败工作提供了有力保障。

公司党支部制订了一系列廉政管理制度,并严格遵照执行,保证了公司党风廉政建设和反腐败工作的有效开展。

2. 团支部工作

团支部结合青年的特点积极开展各种生动活泼的活动,如组织单位职工外出参观学习、与当地有关单位联谊、积极组织各种体育活动等,内容丰富、亮点纷呈。

这些活动的开展,得到了全体职工的热烈响应,既丰富了广大员工的业余生活,又增强了企业的凝聚力和团队精神,营造了企业文化建设的良好氛围。全体职工以更加昂扬向上,奋发有为的精神状态,积极投身到兴畲高速公路建设中去,团支部充分发挥了党的助手和生力军作用。

3. 进一步加强党、团建设

党支部坚持以邓小平理论和"三个代表"重要思想为指导,认真贯彻党的十七大和广东省委十届二次全会精神,提高党员的思想水平和政治素质,激发全体员工立足当前,着眼长远,解放思想、锐意进取,为公司深入贯彻落实科学发展观营造求真务实、奋发有为的精神状态和氛围,造就一支素质优良、廉洁高效的人民满意的建设者队伍,以公司的生产经营工作为中心,充分发挥共产党员的先锋模范作用和党支部的战斗堡垒作用。

工会继续为职工办好事、办实事,开展各项职工喜闻乐见的活动,充分发挥职工主力军的作用。团支部要发挥党的助手和生力军的作用,调动全体职工的积极性,营造一个宽松、和谐、团结的工作氛围。

(二)人事、治安综合治理及后勤管理

1. 人事工作

梅河公司进一步规范人事工作。录用、聘用人员程序化、规范化,完善员工个人档案,实现了"一人一档",并在集团、投资公司的领导下,实现了人员信息自动化管理。坚决执行上级政策以及投资公司关于人员聘用、选拔干部、重大事项报备报批等制度,严格控制工资总额和各项费用。积极协调、相互沟通、及时做好调动及调整人员的各项交接工作,保障公司各项工作顺利进行。梅河公司根据发展需要,结合员工岗位职责及工作技能,公司选派了部分关键岗位人员参加了不同内容的培训和学习,如安全事故隐患排查及应急管理专项业务培训、建设和谐交通行业专题研修、企业薪酬设计、绩效考核与岗位分析操作实务培训、《劳动合同法》对企业用工的十大影响及风险应对培训、注册安全主任培训,财务人员培训及计生干部培训等。2007 年共参加培训 18 人次,已有 2 人通过高级职称评审,3 人通过中级职称评审,1 人获得中级安全主任资格。

梅河公司始终坚持“以人为本”，尊重人的价值，积极引进竞争机制，还着手制订全面的绩效考核制度，努力推行绩效考核，根据绩效考核情况，实行能者上、庸者下的人才竞争机制，充分发挥员工的积极性、创造性才能，为员工岗位成才创造良好的氛围和环境。积极培养人才，在工作中放手使用人才，形成了一个有利于员工岗位成才的公正、公平的用人机制。

2. 安全生产、治安综合治理工作

梅河公司安全生产、治安综合治理工作在上级单位的正确领导下，紧紧围绕中心工作任务，以邓小平理论和“三个代表”重要思想为指导，始终坚持按照“预防为主、标本兼治、重在治本”的方针，认真贯彻上级单位关于安全生产工作的决策、部署。深入落实安全生产责任制，推行事故预防、风险防范保障等举措，形成公司领导统一，部门各司其职，齐抓共管、综合治理的安全管理格局。安全管理水平明显提高，员工安全意识明显增强，安全生产形势持续稳定。今年以来无重大事故发生，实现了安全综合治理目标。

梅河公司与各部门、各标段签订了综合治理责任书，要求做到“看好自己的门，管好自己的人，办好自己的事”。定期组织广大员工进行综合治理方面的安全学习，提高广大员工的安全防范意识，提高广大员工对用电、煤气等各方面的安全意识，并定期检查，保障了办公室和宿舍的安全。定期组织驾驶员进行安全教育，特别注重加强车辆管理，提高安全意识。公司车队按照要求并结合车辆状况，在全力保障施工、生产的同时，从树立驾驶员安全意识、掌握安全驾驶技能入手，建立健全安全管理制度，每月定期组织驾驶员进行安全学习和教育，分析当前安全形势，提出安全要求，排除安全隐患，增加车辆防盗意识。狠抓车辆安全技术状况，车辆的安全技术性能决定车辆行驶的安全系数。为保证车辆技术状况良好、装备齐全，要求驾驶员每天上班前对车辆进行详细检查，定期、及时进行车辆的维修工作。保持良好车况，消除隐患，确保了车辆安全技术性能良好。

公司办公区、宿舍区、食堂等公共场所环境卫生良好，各种消防设施完善，没有发现安全隐患，办公和生活环境得到进一步完善。

食堂饮食安全卫生，管理制度完善，严格把好物品采购关，保证食物的新鲜和卫生,没有发生食物中毒情况。

在兴畲高速公路建设过程中,安全生产、治安综合治理和内部安全生产工作开展顺利,没有发生任何刑事、治安案件和安全事故,为广大员工创造了良好的生产、生活环境。

3. 基础及后勤管理工作

(1)加强制度管理,提高服务意识,提升企业形象。制度是监督的根本保障,梅河公司以建设之本、制度之本、创新之本为原则,坚持以制度管人、管事,提倡员工自觉遵纪守法,建立和谐企业氛围。

梅河公司加强后勤管理,不断注重改善员工伙食,严格采购制度和出入库登记制度,加强对厨房工作人员的教育和管理,坚持账目公开制度、预定菜谱制度等,使员工吃得饱、吃得好。厨房物品摆放整齐,食物新鲜干净,厨房工作人员穿着整洁,员工食堂干净卫生、环境优雅,符合卫生要求。加强对驾驶员的管理,定期学习,了解驾驶员的思想情况,及时解决思想问题,保持驾驶员心情舒畅,坚持不开英雄车、赌气车,车辆管理有条不紊,服务意识进一步加强。经公司内部抽样调查,满意率达到99%。在抓好工程建设的同时,狠抓内部安全生产,强化管理,提高安全意识。

(2)加强防范意识,消除安全隐患。公司不定期组织有关人员对办公区、宿舍区、停车场、食堂、煤气集中储存区等进行检查,重点检查防火、防盗、煤气、水电、消防设施等方面。按要求每层楼配置了消防栓、消防水带、水枪及灭火器,并按期检查更换,完善各项设施,加强保安巡查,彻底消除安全隐患。此外,良好的卫生情况也进一步改善了公司员工的办公和生活环境。一年来,公司内部未发生任何刑事、治安案件。

(三)财务工作

在股东、公司领导和各部门的正确领导和大力支持下,梅河公司各项财务工作能够有条不紊、严谨规范地开展并得以圆满完成,充分发挥了财务监督管理职能。财务审计部根据公司的经营管理特点,在扎扎实实做好日常管理工作的同时,重点抓好以下两方面的工作。

1. 强化会计基础管理和财务监督管理职能

财审部严格按照《中华人民共和国会计法》和《会计基础工作规范》的要求,实施会计基础工作,做到条理清晰,账实相符,及时提供合法、真实、准确、完整的会计信息和客观反映公司财务状况,很好地保证了会计信息质量。同时,财审部按照开源节流、量入为出的原则,以预算为依据,严格依照财务制度和公司的规定审批各种成本费用支出,认真对各部门每笔经济业务的合法性、合理性进行审核监督,对不符合规定的费用坚决不予报销,并定期对管理费用的发生情况进行分析对比,及时掌握费用开支情况,分析差异找出原因,并提出各种有效措施控制费用,充分发挥财务监督管理职能,将管理费用控制在财务预算范围内。

2. 以计划为核心,积极筹措资金,确保营运和建设资金需求

高速公路项目运营需要大量资金,兴畲高速公路项目也是如此。2007 年的资金缺口达到 1. 3 亿元,使公司面临很大的财务风险;更为不利的是,在 2007 年国家实施宏观调控政策,收缩银行贷款规模,给公司的融资造成很大的压力。为了保证公司资金周转,财务审计部认真分析了公司的财务状况,积极采取多种措施,加强与银行沟通,在 1 ~ 11 月份股东没有对项目投入资本金的困难情况下,全年先后向银行提取贷款 4. 3 亿元,用于支付工程结算款及营运资金周转,确保了公司正常经营活动的开展,为公司完成年度经营和建设任务提供了坚实的保障。公司股东也在 2007 年 12 月份投入大约 1 亿元的资本金,解决了部分资金困难。

二、企业文化建设工作

(一)创建了和谐稳定的企业文化

自兴畲高速公路动工,梅河公司始终坚持企业文化建设,以“和谐管理”为基石,创建“以人为本”的企业文化,坚持培育“创新、优质、和谐、共赢”的企业目标和“观念律道、规律律事、纪律律人”的基本信条与理念,着眼心灵沟通,以共同的理想凝聚员工。

1.“以人为本”为和谐管理提供不竭源泉

从以人为本理念出发,和谐企业文化顺理成章。因为以人为本,就是将尊重劳动、尊重知识、尊重人才、尊重创造,形成人人都可以成才、人才存在于人民群众之中的观念,才能做到群众利益无小事,并且让企业发展的成果惠及全体员工。以人为本就是要真正做到尊重员工、善待员工,关心员工的生活福利和职业生涯成长,切切实实把员工当作企业发展的最重要的资源,其中关键在于队伍建设问题,重点和基础在于员工队伍建设。当前,陈旧的用工制度和固定的模式观念,使同工不同

酬变成了合法化，长此以往，必将刺伤聘用员工的自尊心，而堡垒往往是最容易从内部攻破的。以人为本，人力资源对企业而言永远是第一位的，企业必须适时突破聘用员工与全民员工的身份问题。公司所有员工实行全员聘用制，让有能力、有水平的员工走上重要管理岗位，然后是按岗取酬，多劳多得。让所有员工工作和学习在一个起跑线上，上岗靠竞争，收入凭贡献，这必须成为企业每一位员工的工作准则。在分配方式上着重于初次分配看效率，再次分配重公平，达到同工必须同酬，才能达到同心同德，我靠企业生存，企业靠我发展，才能以主人翁意识激励每一位员工发奋工作。在构建和谐发展企业文化的过程中，只有让所有员工都有了平等的待遇，方才有可能在此基础上建和谐企业。

兴畲高速公路动工后，梅河公司努力培育以"创新、优质、和谐、共赢"为核心的企业目标，把其作为贯穿一切工作的行动指南；大力发展企业文化，把"持续创造更高价值、共同追求美好生活"作为全体梅河人追求的共同价值，把"打造以'价值工程'为核心，集'以人为本、数字信息、生态环保、文化旅游'于一体的新概念高速公路"作为公司追求的共同目标，要求公司管理层对国家、对社会、对企业、对员工都要讲诚信，上对得起国家，下对得起员工。为了企业生存，管理层身先士卒，与职工团结一心、不计得失、夜以继日拼搏。梅河公司以"和谐管理"为依托、以"创新、优质、和谐、共赢"为内涵的企业目标也随之形成，使其成为激励员工，实现管理者与员工、员工与企业、企业与社会和谐的不竭源泉。

2. 充分发挥企业文化的促进作用

充分发挥企业文化的重要功能和作用，对于构建和谐高速公路建设企业有着重要的作用。在当前，不断创新企业文化，发挥企业文化的作用，是推进和谐企业建设的重要环节。为此，必须充分发挥企业文化给企业带来的促进作用。

(1)充分发挥了企业文化的导向功能，营造了良好的文化舆论氛围。兴畲高速公路建设过程中，梅河公司切实增强干部职工的责任感，大力宣传党的路线方针政策，弘扬社会正气，疏导员工情绪，坚持正确的思想舆论导向，引导干部职工牢固树立"国家利益至上、消费者利益至上"的行业共同价值观，使广大干部职工依法行政、诚信经营、优质服务，促进企业健康和谐发展。

(2)充分发挥了企业文化的调节功能,维护了企业稳定。建设和谐企业,就必须妥善协调各方面的利益关系,正确处理企业内部矛盾。在兴畲高速公路项目建设中,新问题、新矛盾会不断出现,梅河公司发挥企业文化的调节功能,通过相互沟通的方式,使干部职工逐步适应企业改革,平衡心态,调整情绪,提高思想觉悟,保持和促进企业的稳定与发展。

(3)充分发挥了企业文化的凝聚功能,增强了企业的凝聚力。企业文化是凝聚干部职工的一项重要措施,梅河公司切实抓好企业文化建设,通过良好的企业文化把干部职工的力量凝聚起来,使大家同心同德,共同为建设和谐企业而努力奋斗,实现了企业的和谐稳定发展。

(4)以“观念律道、规律律事、纪律律人”作为核心理念,用于指导工作,使员工的思想行为与企业的持续成长保持和谐一致。“观念律道”就是要树立正确的世界观、人生观、价值观,在企业建设和发展中,既要在改造客观世界的同时改造主观世界,也要用改造主观世界的成效来推进客观世界的改造。“规律律事”就是坚持用发展的观点、普遍联系的观点,正确认识社会、经济、市场和企业的发展规律,按客观规律规范企业的建设和发展。“纪律律人”就是在充分发挥人的主观能动作用,调动员工工作热情的同时,用法律、法规、企业规章制度严格规范企业和员工的行为,保证企业总体目标的实现。

3. 贯彻和谐可持续发展理念,创建梅河品牌

兴畲项目党支部的全体党员,通过全面系统学习胡锦涛同志的十七大报告和中国共产党党章,深刻地认识到,高举伟大旗帜,坚持科学发展,必须以十七大精神为动力,把全体党员和干部员工的思想行动统一到科学发展上来,做到五个“更加注重”。

(1)更加注重发展第一要务,坚持与时俱进,切实抓住当前有利时机,全力以赴掀起大干高潮,抢时间、争速度、保质量、保安全,又好又快完成施工任务。

(2)更加注重开拓创新,打造设计施工总承包典范。广东省交通集团作为广东地区公路建设骨干企业,通过公平公正竞争,承接了交通部在广东省实行第一个设计施工总承包创新管理模式的项目,其主要特点是变“单价合同”为“总价合同、总价包干”,充分发挥设计和施工单

位的积极性和创造性。瞄准"创新、优质、和谐、共赢"的总体目标,通过优化设计、提升项目管理水平,积极引进新技术、新理念,及时总结宣传实施设计施工总承包新模式实践中创造的新成绩、新经验,完善和深化新模式,打造兴畲项目管理品牌。

(3)更加注重全面协调和持续发展,建设耐久性环保型高速公路。通过加强动态设计管理,力求做到"及时、合理、生态、耐久";加强全面质量管理,培育严办工程,深入开展创优活动,确保工程优良,达到"零返工",再接再厉,在4处服务区广场填筑和7处河塘坑大桥桥桩获得样板工程的基础上,再创几个样板,带动全面;加强高边坡、沟渠、景观与绿化工程的施工管理,使兴畲高速公路成为一条亮丽的风景线,实现人与自然的和谐发展。

(4)更加注重以人为本,构建和谐兴畲。建立融洽的党群、干群关系,是构建和谐企业的关键。首先是班子成员增强团结,班子既有明确分工,又有密切协作,互相尊重,互为补充,带动项目各部门、各施工处的干部员工风雨同舟,和衷共济,攻坚破难,做到心往一处想,劲往一处使,注重企业文化,积极开展健康有益的文体活动。重视项目宣传,关心员工生活,努力做到冬送温暖夏送粮,一年四季送关怀,调动广大员工积极性,增强队伍素质,形成整体合力,推动项目建设。

(5)更加注重发挥党支部的战斗堡垒作用,保持党的先进性。全体党员包括流动党员,在思想上要与公司党委保持高度一致,在工作上身先士卒,在作风上坚持廉洁自律、艰苦奋斗,努力增强党组织的凝聚力、影响力和向心力,使党的基层工作和建设适应科学发展的要求,为科学发展、和谐发展提供可靠的政治和组织保障。

4. 开展各种文化活动,提高了员工素质,促进了企业与社会的和谐

梅河公司十分重视宣传文化阵地的建设,经常开展技术练兵、技术比武、劳动竞赛,公司主要领导亲自抓内刊《印象·兴畲》的出版工作和企业网站的建设工作,通过多种途径与省内文化界、媒体加强交流和合作,刊物的编辑、排版和文章水平都有很大的提高,赠送范围进一步扩大,受到了各级领导和广大同行的好评。公司也很重视墙报的宣传作用,2007年以来共制作了18期墙报,对党的十七大精神、廉政建设、团支部工作、计生工作、CIS企业形象设计体系和ISO 9001质量管理体系等进行了大力宣传,带动了员工整体素质的提高。

(二)调动员工的积极性和归属感

1. 工会组织各种文体活动,增强员工的凝聚力和团队精神

促进企业文化建设,满足广大职工的精神需求,丰富了职工的精神文化生活,增强了党的感召力,增进了企业的凝聚力和广大职工群众的向心力,更好地激发了公司在改革与发展中的巨大潜力和战斗力。

梅河公司工会始终贯彻“热烈、精彩、和谐、共赢”的总体目标和“增进健康、增进友谊、促进交流、促进发展”的原则,组织了公司所属参建(养护)单位运动会、“六比六赛”劳动竞赛、茶艺、礼仪培训等一系列文体活动。梅河公司工会提出了“三个目标”:一是实现职工的全面发展;二是实现企业制度不断创新;三是实现行业经济持续增长。前两个目标为第三个目标作保障,最终为了实现行业经济持续增长,把企业文化建设成果转化为现实生产力,实现行业利税再上一个新台阶,为企业多元化经营开辟新天地,使人文环境提升新水平;只要充分理解企业文化建设的根本目标,就能够深刻认识开展企业文化建设的重要性和必要性。

第五章

(1)“和谐管理”成为企业发展的“助推器”。梅河公司工会,始终坚持以人为本,贯彻“和谐管理”,充分发挥企业文化所蕴涵的感染力、渗透力、辐射力的特性,对内注重增强企业凝聚力,对外着力塑造企业形象,逐步形成了以“和谐、拼搏、创一流”的企业精神为灵魂,具有时代特征、高速公路建设行业特点的企业文化。借助和谐管理所蕴涵的“内动力”作用,使得公司多年来的发展“状态”、文化“神态”和职工“心态”内外和谐,经济实力、发展活力、文化魅力刚柔相济,实现了企业全面、协调、可持续的稳定发展,从而有力地推动了公司物质文明、精神文明建设的不断发展。近几年来,在内形成了很多有效的文化建设载体,概括这些丰富多彩的载体,主要有以下三个方面:一是通过班组文化建设活动的开展,使企业精神在实践中内化为职工的自觉行动,为企业文化的提升起到了基础性的支撑作用;二是通过“党员三联三代责任区”活动,使得党组织的整体功能得到了较好的发挥,有效发挥党组织在经济建设和文化建设中的战斗堡垒作用;三是通过开展群众性文体活动,构筑了具有高速建设的企业文化建设平台,进一步培育了职工的团队精神,展示了企业的良好形象。企业文化有别于社会文化,它必须始终融合于企业发展的每一个进程中,紧紧围绕企业中心工作,充分运用好各

种载体，就能为企业的经济运行营造良好的氛围，促进企业更快、更好、更健康地发展。

(2)展示企业良好形象，打造出企业文化品牌。梅河公司工会从企业发展的高度，充分认识到“和谐管理”在企业文化建设中的重要性和必要性，将此项工作列入企业发展的重要议事日程，从战略高度抓实抓牢；在运作上，确立符合企业特点的文化管理建设方案，结合各自实际，建立健全管理机制，制订出切实可行的实施举措。工会组织向职工进行思想政治教育，传播科学文化知识，提高技能与素质，开展丰富多彩的业余文化活动，工会组织贯彻落实“三个代表”重要思想，满足广大职工多元化文化需求，为职工打造文化平台，是推动企业文化建设的一个重要载体；在工作中，坚持做到“四同步”，即企业文化建设与企业发展规划同步，与项目管理规划同步，与企业管理工作检查同步，与企业其他工作落实同步；工会组织开展的丰富多彩的文化娱乐活动，“职工运动会”等活动中，调动广大员工参与创新企业文化建设的积极性，丰富员工的业余生活，增强企业的凝聚力与向心力。通过开展“学习一门新技术、提出一项新建议、创造一项新成果、推广一项新工艺、刷新一项新纪录”的五个一活动，激发广大职工的学习热情，调动他们的积极性、创造性，充分挖掘他们的聪明才智，各种技术能手、业务尖子和典型脱颖而出，推动企业技术创新、科技创新，促进职工队伍由劳务密集型向技术密集型转变。增强企业文化力，经常开展群众性文体活动，一方面通过拍摄企业文化专题片、摄影作品展、举办企业文化画展、撰写企业文化经验材料，促进企业文化广泛交流，推动企业文化建设向更深层次开展；另一方面积极在“五一”、“十一”、“元旦”、“春节”等重大节假日开展丰富多彩的文体活动，满足广大职工的精神需求，扩大企业知名度，增强企业凝聚力，不断提升企业文化品位，展示企业良好形象，从而打造出属于企业的文化品牌。

(3)努力营造“快乐工作，健康生活”的氛围。工会文体活动是工会工作的重要组成部分。精神文明和物质文明是相辅相成的两个方面，开展好文体活动，增强员工自身体质，促进企业精神文明建设；组织职工开展形式多样的文化和体育活动，提高职工文化素养和身体素质，为搞好安全生产和全民健身运动的蓬勃发展提供有利保证。

职工文化活动是近年来适应企业改革形势变化和职工兴趣爱好需

求出现的一种新型文化活动形式;工会组织的“职工运动会”,号召职工人人参与,组织了篮球、羽毛球、乒乓球等活动,改变了职工的精神面貌,促进了职工工作的积极性,为职工群众带来生活的快乐,使紧张和劳累的身心得到放松。

梅河公司工会将进一步倡导科学、文明、健康的生活方式;以开展群众体育系列活动为主线,加快推进现代化建设,以增强职工体质为宗旨,继续巩固群众体育工作基础;更加努力进取,不断完善和强化工会职能和规章制度、活动方式、工作方法,进一步开展丰富多彩的职工活动,促进公司全面发展,认真完成建设任务,乐观进取、积极参与,努力构建适应高速建设经济和社会发展的服务体系,充分体现“和谐企业”在贯彻落实科学发展观,推动和谐社会发展和提高党的执政能力等方面的积极作用,在推进公司改革发展稳定的实践中立足本职,开拓进取,奋发有为,团结动员广大职工为实现“十一五”规划,推动构建社会主义和谐社会,全面建设小康社会,作出新的更大的贡献。

2. 开展“送温暖工程”,慰问困难职工

(1)慰问困难职工,落实“应保尽保”原则。梅河公司“两节”期间对困难职工给予每户补助款和米、面、油等慰问品。针对尚未办理低保证的特困职工,工会全力帮助他们办理低保证。

(2)开展捐资助学活动。工会对每年考入大学的困难职工子女,发放一次性助学金。

(3)慰问困难劳模,使他们感受到组织的温暖。每逢春节,公司还为生活困难劳模送去慰问金,并专门举办一场“劳动模范迎新春联谊会”,主要领导全部到会,感谢劳动模范为全区物质文明和精神文明建设作出的突出贡献。

(4)慰问节日期间坚守工作岗位的一线职工。公司领导一道走访慰问节日期间坚守一线的广大职工,感谢他们对繁荣经济所付出的辛勤劳动,并向他们致以节日的问候与祝福。

3. 科学合理的薪酬体系,保证一线职工收入快速增长

在兴畲高速公路项目建设过程中,公司建立注重激励的薪酬分配制度,努力实现各项公平。权利公平、机会公平、规则公平、分配公平,这“四个公平”是对社会主义和谐社会建设提出的新要求。不公平则心不平,心不平则气不顺,气不顺则难和谐。梅河公司按照“四个公平”的

要求,切实重视一线员工的收入分配公平问题,在注重提高企业中高层管理人员收入的同时,适当提高一线员工(包括劳务工)的收入水平,实现员工和企业的和谐发展。

公司依法建立劳动关系,严格按照《中华人民共和国劳动法》、《中华人民共和国劳动合同法》、《中华人民共和国工资法》等有关法律法规的规定,坚持以经济效益为中心,完善公司管理制度,逐步建立起一套对内公平、对外竞争优势的薪酬体系,以充分调动公司各级员工积极性,保证收费职员享有的平等权利,为公司生产经营目标的实现奠定良好的基础。

三、项目管理工作

兴畲高速公路项目是交通部推广设计施工总承包模式的试点项目,同时也是广东省交通行业落实交通部新理念的具体项目。根据项目的实际情况,梅河公司提出了建立"创新、优质、和谐、共赢"工程的总体目标,力争将兴畲高速公路项目打造为广东省交通行业乃至全国的品牌和示范项目。

(一)控制了工程造价

1. 创新承包模式,节约了工程造价

由于兴畲高速公路项目是设计单位与施工单位组成的总承包联合体,有利于充分调动总承包联合体之间的资源配置,减少资源重复浪费,最大限度地优化资源配置,既可增加总承包方的利润空间,又可以减少业主投资风险,有利于减少工程建设招投标环节,节约社会成本,控制工程造价。

在兴畲高速公路项目中,如果按照常规施工进行招标,根据经验:施工招标的中标价按概算下浮20%计算,那么,常规施工招标中承包方的中标单价约为50 183万元;按照传统的风险划分计算,施工招标变更发生费用约为10 730万元(材料上涨幅度超出招标文件规定需由总承包方承担部分未列入变更费用,下同)。因此,常规的施工招标方式估算的总造价约为60 913万元。而在实施设计施工总承包管理模式以后,总承包方中标单价为54 823万元;由于总承包联合体内设计单位与施工单位的有效配合,保证了设计与施工整体方案的优化,使得变更发生费用极大地减少,仅为2 645万元。因此,采用设计施工总承包管理

模式估算的总造价约为57 468。与常规的施工招标方式相比,设计施工总承包管理模式为兴畲高速公路项目节约造价3 445万元,约为批复概算的3.3%(批复概算为102 876万元)。具体见表5-4所示。

总承包与传统施工招标造价对比(单位:万元) 表5-4

费用项目	中标单价	变更发生费用	估算总造价
常规施工招标(根据经验估算)	50 183	10 730	60 913
设计施工总承包	54 823	2 645	57 468
总承包比施工招标节约造价	-4 640	8 085	3 445

根据计算,采取设计施工总承包管理模式以后,兴畲高速公路项目2007年节约工程造价达到1 685.4万元,占2007年年度投资的5.59%;2008年当时预计节约工程造价将达到1 759.6万元,占2008年年度投资的3.35%。

2. 减少了物价、利率对工程造价的影响

兴畲项目概算总投资为10.29亿元,因物价、利率上涨等政策性因素影响和总承包合同调整以及增加连接线等因素,经初步估算需增加投资约9 000万元(主要项目见表5-5),约为原批复概算的9%。

项目概算增加投资明细 表5-5

项目	总承包合同调整	材料补差	利率上调导致利息增加	规模外增加新圩至S225和兴宁东至洋里两条连接线	合计
估计增加(万元)	3 000	3 000	1 000	2 000	9 000

兴畲项目概算于2005年11月批复,2006年11月动工,2008年底建成通车。根据中国2006~2008年CPI(消费者物价指数)增长情况,仅按CPI增长幅度估算,兴畲项目概算应调增9 205万元(见表5-6)。

物价上涨造成概算投资增加明细 表5-6

年份(年)	2006	2007	2008(中国社科院预测)	合计
增幅(%)	1.5	4.8	5.9	
完成概算投资(万元)	20 179	30 152	52 545	102 876
与批概时相比CPI增幅(%)	1.5	6.37	12.65	
需调增(万元)	303	1 921	6 646	8 870

第五章

通过上述两表对比可看出，兴畲项目有效控制了造价，在不计规模外增加的两条连接线（增加费用约2 000万元）的情况下，仅超概算金额约7 000万元，远小于按CPI增长幅度计算的调增8 870万元。同时，此种比较方法尚未考虑兴畲实行总承包模式比传统施工招标模式节省的3 345万元和提前5个月通车带来的约600万元的通行费收入，更未考虑提前通车后节省的管理成本、贷款利息和对地方经济的拉动。由此可见，兴畲高速建设实行总承包模式有效控制了造价，取得了显著的经济效益。

（二）保证了建设工期

根据原计划，兴畲高速公路计划通车时间为2009年5月。在广东省省委、省政府的统一部署下，兴畲高速公路通车时间提前至2008年12月底，比原计划工期提前5个月。兴畲高速公路年底建成通车是指令性政治任务，全体建设者立即行动起来，好中求快，快中求优，为按期完成通车的任务，公司制订了兴畲高速公路决战施工计划及奖励方案，全体建设者全力以赴，顽强拼搏，取得了此次战役的全面胜利。由于贯彻了设计施工总承包管理模式，在施工过程中，总承包方进行动态设计、动态施工，有力地缩短了建设工期，为工期的提前创造了可能。与此同时，由于路基、路面、绿化等工作都是由总承包方来负责，减少了梅河公司的协调管理工作，节省了协调时间，而总承包方则迅速进行统一协调、部署，保证了建设工期，确保兴畲高速公路在2008年12月底建成通车。在广大建设者的共同努力下，兴畲高速公路于2008年12月28日顺利通车。此外，为保证工程建设工期，梅河公司也采取了行之有效的措施，包括：

（1）解决承包人实际困难。首先，采取缩短计量周期（半个月一次），加快承包人的资金周转；其次，合理借款，解决承包人目前资金短缺问题。

（2）倒排工期计划抓落实。根据现场实际情况倒排工期，重点抓好节点工程，如路槽交验、路面备料及施工、跨铁路桥施工。同时狠抓安全生产和工程质量，特别是跨铁路桥连续箱梁施工，确保不出现责任事故。

（3）压缩附属工程招投标流程。由于工期提前5个月，附属工程招标相对而言较为滞后，将紧跟后续的房建、交安的招标工作，尽快完成招标,简化招标流程,尽可能少压缩工期,保证施工质量。

(4)协调好路面、机电、交安、房建工程的交叉施工,做到忙而不乱。

1. 经济效益

直接经济效应:按梅河目前通行情况估算,兴畲项目建成通车后,每天通行费收入约4万元,提前5个月则收入约为600万元。

间接经济效应:梅州产业转移工业园就设在畲江,兴畲高速公路建成后,从广州到工业园只需3个小时,便利的交通更能吸引投资者的目光,对破解梅州区位劣势,走出区位围龙有不可低估的重要意义。此外,提前通车也减少银行贷款利息和参建单位的管理成本。

2. 社会效益

(1)直接促进经济发展。兴畲高速公路连接已通车的梅河高速公路与汕梅高速公路,它的建成将大大缩短兴宁市到潮汕沿海地区的高速公路里程近40公里。对完善广东省区域路网布局,改善区域交通条件和投资环境,促进区域经济协调发展有着重要意义,同时也是实施“四个梅州”战略的重要举措,对梅州地区的发展非常重要。

(2)践行节约型交通。作为省重点工程,兴畲高速公路建设体现了科学发展节约型交通的理念。节约时间即是节约金钱。项目公司筹备组积极争取省有关部门大力支持,在最短的时间内完成了项目公司的组建工作;省厅领导亲自协调,在半年的时间内完成了项目包装、评估、审查、报批等诸多环节;公司领导各司其职,交叉安排,地方党政领导亲力亲为,及时完成了项目前期各项审批工作。

(3)考验工作创新力。在高速公路项目建设中,“和谐管理”作为一项新的管理模式,招标文件的编制必须符合设计施工总承包模式的特点,并直接影响到总承包方的确定、投标方案的选择、各方权责和风险的划分等。而这些都是设计施工总承包实施过程需要解决的重点问题和难点问题。

据统计,兴畲高速公路共需征用土地2 726亩(不含住宅用地面积)、房屋拆迁图纸面积为63 428平方米,牵涉数个乡镇。面对这些铁板上钉钉的硬任务,各级党委、政府把兴畲高速公路建设作为党委、政府的重点工程来抓。沿线党委、政府更是把征迁任务直接下达到乡镇,与各乡镇签订责任书,制订征迁工作考核奖惩办法,形成乡乡设战区,村村摆战场,标标齐协力,人人抓进度的良好建设氛围。

与此同时，梅河公司紧紧围绕“逼路基、抢路面、攻机电、抓附属、保通车”的工作思路，强化监管、倒排计划，各指挥部对影响工期的关键节点工程加大投入，将影响工期的人、财、物等问题提前预控，严格关门时间，确保计划刚性不动摇。各施工单位则尽量延长每天作业时间，多开工点，通过换人不换机发挥机具设备的最大效率；附属工程在协调好施工界面的基础上，合理安排，穿插进行；对落后的房建等分项工程，采取增加人员，分割、支援等方式进行拼抢。

不辱使命，是兴畲建设者们时刻牢记的箴言。在兴畲决战的2008年，沿线指挥部与各个施工监理单位按照四级质量保证体系要求，掀起了一场以“比安全、比进度、比廉洁、比管理”为主题的劳动立功竞赛活动，“兴畲”精品之路、效率之路建设全速推进，志在必得。

(4)提前通车呼应经济新速度。兴畲高速实现兴城~畲江段提前半年通车，使高速公路沿线地区经济真正迈进了跨越发展的大网络。不仅给当地带来明显的经济效益和社会效益，也使粤东北地区发生了形象的根本改变，大公路网带动起大物流、大产业、大经济的发展。位于珠三角经济圈的过渡地带，粤东北地区在不断拓宽招商引资渠道，各个县(市、区)都大有可为，沿兴畲高速公路十几公里纵深，一条璀璨的高速经济带正逐渐形成，必将进一步加快粤东北经济发展的步伐。

(三)提高了工程建设质量、节约了建设资源

1. 树样板工程，保施工质量，节约建设资源

在梅河公司的大力倡导下，开展创优质样板工程活动，大力推动工程质量上台阶，各承包人对拟创样板工程项目进行滚动申报，总监办跟踪实施，评选样板工程，并报业主批准。同时及时组织全线各施工单位在样板工程现场召开现场会，进行参观学习和交流，营造出“比、学、赶、帮、超”的良好氛围，有效地推动了工程质量全面上台阶，为工程创优打好了基础。目前已评出四个样板工程：坜陂服务区土方工程、一标三处的排水沟工程、梅江大桥桩基工程、河塘坑大桥墩柱盖梁工程。

实施设计施工总承包后，由于工程设计与施工结合更协调更紧凑，总承包联合体内设计单位在设计阶段能够充分考虑到施工单位施工阶段的需求，能将施工单位的施工工艺、降低成本、缩短工期等方面的技术知识体现在设计文件中，使设计工作和施工技术有机结合，有利于减

少后期的设计变更，公路的建设质量也更有保证。截至 2008 年 8 月，项目已验收分项工程 1 650 个，全部达到合格等级；桥梁桩基 657 根，已检测 642 根，全部为合格桩，其中 I 类桩 424 根，占 66.1%，Ⅱ类桩 218 根，占 33.9%，无三类及以下桩；全项目预制梁板（30MT 梁、20M 预应力空心板）共 1 404 片，总体质量稳定，检验合格，混凝土外观平整、色泽均匀，省质量监督站检测中心随机抽 4 片板梁做静载试验，各项指标均满足设计和规范要求。

在兴畲高速公路项目建设过程中，总承包方从施工图设计开始就坚持贯彻资源节约理念，从兴畲高速公路项目施工图设计方案与初步设计阶段主要技术经济指标对比可以看出，如表 5-7 所示，在施工图设计后，路基计价土石方、防护排水工程、征用土地面积等多项指标均减少，从而节约了建设资源，减少了资源浪费。

主要技术经济指标对比　　表 5-7

序号	指标名称	单位	初步设计方案	施工图设计方案
1	路线长度	公里	24.86	25.73
2	最小平曲线半径	米	1 110	1 120
3	最大纵坡	%	3.15	3.3
4	路基计价土石方	1 000 立方米	6 424.68	6 378.38
5	防护排水工程	立方米	191 360	159 976
6	大桥	米/座	2 117.5/7	1 730.3/6
7	中小桥	米/座	54/1	295/5
8	涵洞	道	66	69
9	互通式立体交叉	处	3	3
10	征用土地	亩	3 350.4	2 808.0

2. 加强实验检测，用数据控制质量

要求监理中心试验室严格按监理规范要求的频率进行独立抽检，对配合比与标准试验都进行了 100% 的平行复核试验，严格原材料的质量控制，确保数据真实，台账清晰。省交通工程质量监督站对中心试验室试验数据真实性的检查予以了肯定。

截至 2008 年 8 月，中心试验室累计抽检水泥 149 次，合格率 100%；累计抽检钢筋原材料及焊接 335 次，合格率 100%；累计抽检砂石料340次合格率97.5%，对不合格的砂石料及时予以清除出场；现场土工试验、强度、压实度等试验17 409组(点)，合格率100%；钢绞线、锚具、支座、沥青等材料外检47次，合格率100%。对路面基层原材料，除加大频率检查外，并对混合料生产情况进行跟踪检测，保证混合料的水泥用量、碎石级配、施工压实含水率与试验目标接近，有效控制了工程施工质量。

3. 坚持分项工程首检制，消除质量隐患

承包人新的分项工程开工，必须先做试验段，由业主和总监办组织进行验收和总结，指出存在的问题，承包人制订具体的措施对施工工艺等进一步完善，取得成功后，方可进行大面积施工。有效地消除了质量隐患，减少和杜绝了质量通病的产生。总监办对桥梁桩基、墩柱、盖梁、梁板预制、桥面铺装、防撞墙、客土绿化、路面各结构层进行了首检，总结分析存在的问题，提出工艺要求，不断地整改、完善，取得了较好的效果。目前，边坡绿化的整体效果较好，防撞墙内实外美，桥面铺装厚度、平整度、外观控制较好，T梁及空心板预制质量优良。

(四)提升了管理水平、提高了总承包联合体内设计与施工单位协作能力

由于设计施工总承包管理模式在我国公路工程建设中尚处在探索阶段，没有固定的模式和方法可以遵循，而其他试点项目的经验也只能起到借鉴作用，因此，自兴畲高速公路项目启动之日起，梅河公司结合兴畲高速公路建设的实际情况，积极探索新的、有效的项目管理方法。例如，在管理过程中，梅河公司采用信息化的管理手段，准确、及时、高效地处理项目建设过程中的各项业务；有效地实现对兴畲高速公路项目建设的"三控两管一协调"(质量、造价、进度控制，合同和信息管理，协调各方关系)；实现众多数据、报表的分类汇总和实时查询；在兴畲高速公路建设项目中，引入项目建设管理系统，实现业主、监理单位和总承包方数据和资源的共享。实施设计施工总承包管理模式后，梅河公司对各承包方之间的沟通与协调管理工作大大减少，使其将更多的精力投入到项目管理的深层问题中，提高了项目建设管理的工作效率，降低了管理成本，提升了梅河公司的管理水平，带动了整个项目进度、质量、安全等方面的全面提升。

由于我国现阶段具备设计施工总承包资质的企业比较少，兴畲高速公路项目采用的是施工和设计联合体的形式进行招标的。在兴畲高速公路项目建设过程中，为减少施工成本，最大限度地优化设计方案，总承包联合体内设计与施工单位相互沟通、密切合作，保证了设计与施工整体方案的优化，提高了总承包联合体内设计与施工单位的协作能力，也为总承包联合体内设计与施工单位的后续合作奠定了扎实的基础。

第六章 结论与启示

在人类的现实生活中,特别是在涉及多种利益交叉的庞大事物中,必然会出现很多复杂的问题,因而也就产生了许多解决这些问题的思想和方法,和谐管理就是解决这些复杂问题的思想和方法之一。

任何一种管理思想和方法,是否具有存在的价值,是否有值得推广的意义,首先取决于这种管理思想和方法是否具有先进性。在任何庞大复杂的事物中,相关方的利益取向往往并不完全是一致的。与传统的管理相比,和谐管理的优势在于,它不仅看到了众多庞杂的事物和复杂的问题,而且更看重它们之间的关联,把它们视为一个完整的系统;它不仅关注各相关方之间的矛盾,而且更看重它们之间存在着的统一;在整合优化的基础上,充分调动和利用相关方各自的积极性和能动性,使整个系统由不和谐逐步趋近和谐的状态,促进相互之间的协同发展,最终实现系统的整体最优目标。企业层次的和谐管理,就是要正确处理企业内、外部的各种关系,达到企业与社会、企业与环境、企业与政府、企业与员工等诸多要素之间的和谐统一,从内部和外部的各个角度,保证企业目标的实现,最终实现经济效益、社会效益和环境效益多重目标的共赢。

任何一种管理思想和方法,是否能够存在,是否值得推广,还取决于这种管理思想和方法是否具有可复制性,或者说,是否形成了一种比较完备的管理模式。所谓模式就是某种事物的标准形式或固定格式,而管理模式就是从特定的管理理念出发,在管理过程中,形成一套操作系统。可简单表述为:管理模式=理念+系统+方法。

兴畲高速公路建设所采取的模式,就是以整体“和谐”为理念,以系统综合效益最大化为目标,以一系列配套的管理措施为手段,并通过制度化而形成的一种新的管理模式,即和谐管理模式。兴畲高速公路建设所采取的和谐管理模式,具备了先进性和可复制性两种特性,因而具有值得推广的意义。

第一节　兴畲高速公路项目“和谐管理”模式的推广意义

兴畲高速公路项目和谐管理模式的先进性表现在，它实现的目标是全面的：企业与社会、企业与环境、企业与政府、企业与员工等多重要素的和谐共存、全面发展，全面价值最大化，既包括投资者的物质资本价值，也包括经营者和生产者的人力资本价值；既包括用户所得价值，也包括企业的其他利益相关者的所得价值，还兼顾社会进步、环境保护及当代、后代具有良好的生存环境和社会福祉而产生的价值增值，企业与社会的可持续发展。简而言之，就是全面地实现了良好的经济效益、社会效益和生态效益。因此，兴畲高速公路项目“和谐管理”模式具有推广意义。

一、实践征地拆迁新模式，更贴近民生

解决民生问题，是实践科学发展观的具体体现。科学发展观的核心是以人为本。坚持以人为本，把人民群众的根本利益实现好、维护好、发展好。民生问题正是人民群众最关心、最直接、最现实的利益问题。在高速公路项目建设过程中，高速公路在带给沿线经济发展所产生的经济效益的同时，也使高速公路沿线的群众改变了原有的生产和生活方式。他们为改善地区交通环境、促进地方经济发展做出了较大的个人牺牲。但是，不可否认，在高速公路项目征地拆迁的过程中，往往由于多方利益的交织，沿线百姓的利益往往不能得到最大的保护，使本来是为改善民生而建设的高速公路项目成为引发群众不满情绪的最直接“根源”。可以说，高速公路建设，征拆问题是第一个重要问题。如果征地拆迁问题处理得当，不仅能为项目建设提供充足的时间保证，更能为项目建设提供和谐稳定的社会稳定，保证项目建设的顺利进行；如果征地拆迁问题处理不当，不仅拖延了宝贵的项目建设时间，更诱发了群众对项目的不满情绪，更有可能造成一些不稳定的社会因素。从这个角度来看，科学、公平的征地拆迁模式是最贴近民生的重大问题。

兴畲高速公路全长 25.735 公里，途经兴宁市永和镇、坭陂镇、新圩

镇、水口镇，终于梅县畲江镇。全线共征用各类土地2 821亩、房屋主体占地面积50 476.75平方米，电力电线和通信线路拆迁66处。按照广东省省委、省政府的要求，兴畲高速公路项目的征地拆迁实行的是“分地类单价补偿、直接补偿到户、税费和补偿费分开的方式”，这是兴畲高速公路项目征地拆迁模式的创新之处。这一模式，一方面明确了政府在征地拆迁过程的职能，即只承担征拆任务，政府只提取征拆工作费用而不从征拆过程中享受利益；另一方面，项目业主直接参与到征地拆迁过程，与征拆群众面对面地沟通和协商，通过征地拆迁相关管理办法，使征地拆迁过程阳光、透明。而且，这一模式的最大特点还有，业主根据设计单位提供的红线用地数量和土地分类、拆迁面积以及分类，将征地拆迁款项足额预存入各县政府的征地拆迁补偿专用账户，作为土地征用补偿预付款。各县政府在动用该专项资金时，对于支付到农户个人手中的，必须由县(市)镇、村(村民小组)农户和业主公司五方确认签字后，采用银行实名账户直接支付的方式；对于应留给被征地集体经济组织的，应纳入村集体财务公开管理制度管理，从而保证了征地拆迁款能够发放到征拆群众的手中。

从兴畲高速公路征地拆迁的实际情况看，“分地类单价补偿、直接补偿到户、税费和补偿费分开的方式”的征地拆迁模式确实达到了很好的效果。一方面，节约了征地拆迁费用。据初步统计，兴畲项目征地拆迁费用约1.43亿元，比批复概算节余约600万元，比以往征拆模式节省约6 600万元。另一方面，打造了和谐稳定的征拆环境。由于兴畲高速公路项目征拆工作坚决执行“公正、公开、公平、透明”的工作原则。在整个兴畲高速公路项目建设过程中，并未发生上访行为，为兴畲项目的顺利推进和构建和谐兴畲打下了坚实基础。不只如此，在兴畲高速公路项目建设过程中，梅河公司还通过种种措施减少对沿线居民生产和生活的影响，在具体的实践工作中，解决群众面临的实际难题，真正体现了“以人为本”的理念。

二、探讨设计施工总承包管理模式的难点问题

兴畲高速公路项目是交通部设计施工总承包试点，广东省第一家设计施工总承包试点项目。作为一种先进的项目管理方式，设计施工总承包在我国高速公路建设管理中尚处在摸索阶段。对于设计施工总

承包管理模式而言，在其实施的不同阶段，都有许多需要解决的重点问题。如在初步设计阶段，如何保证初步设计文件的质量；在招投标阶段，如何编制招投标文件、如何选择总承包；在施工图设计阶段，如何优化施工图设计；在施工阶段，如何调动总承包的积极性、如何对总承包方进行监督和控制等问题，都是需要重点解决和探讨的问题。

经过近两年的实践，设计施工总承包管理模式带来的效果在兴畲高速公路项目中已经开始显现，主要表现为控制了工程造价、保证了建设工期、提供了工程建设质量、节约了建设资源、提升了管理水平、提高了总承包联合体内设计与施工单位的协作能力。更为重要的是，兴畲高速公路项目为设计施工总承包管理模式在我国公路工程建设领域的应用积累了宝贵经验。因此，高速公路项目实施设计施工总承包管理模式也是历史发展的必然。

当然，作为一种在实践中摸索的科学管理方式，设计施工总承包在兴畲高速公路项目建设中也有地方值得总结和完善。

(一)设计施工总承包应采取的模式

设计施工总承包模式包括：“施工图设计 + 施工总承包”模式、“初步设计 + 施工图设计 + 施工总承包”模式两种。对于具体采取哪种模式，必须根据项目的具体情况来决定，不能一概而论。通常，“施工图设计 + 施工总承包”模式由于是在初步设计批复后总承包方才介入，相比较而言，后期设计变更的灵活性就要少很多。而“初步设计 + 施工图设计 + 施工总承包”模式，总承包方在前期初步设计阶段就介入项目，项目的灵活性就更大一些，对项目的情况也会更了解。总的来说，总承包方越早介入，对项目就越有利，总承包方的灵活性就更大。对于技术难度要求不大的工程项目，采取“初步设计 + 施工图设计 + 施工总承包”模式；对于技术难度要求较大的工程项目，采取“施工图设计 + 施工总承包”模式，由上级主管单位对工程项目的初步设计进行严格把关。

(二)设计施工总承包联合体的抗风险问题

首先，在我国，具备设计与施工总承包双重实力的企业还比较少，设计施工总承包模式目前主要还是以“设计单位 + 施工单位”联合体的形式进行招标。由于设计施工总承包模式给予了总承包方更大的自主空间，业主干预相对较少，因此，对总承包方的抗风险能力往往要求较高。从我国的实际情况看，具备较强抗风险能力的企业还是少数，总承包方的抗风险能力往往达不到项目业主单位的要求。而在业主与总承包方签订的合同中，对于设计单位与施工单位的风险划分问题也并未进行强制性的约定。由于高速公路项目往往投资巨大，实现设计施工总承包后一旦出现问题，其损失将是惨重的，社会影响将是巨大的。因此，在合同中应增加关于双方风险划分的部分，最好拟定合同范本，使项目业主单位对总承包联合体都能起到约束作用，从而减少风险。这也使总承包联合体内单位真正做到“风险共担”。

（三）施工图优化设计中，短期目标与长期目标的矛盾

在施工图优化阶段，总承包方出于项目以及自身经济利益的考虑，必然会对工程项目进行设计优化与变更。从短期来看，施工图优化设计后，所有指标都满足了项目的技术指标，短期内还节约了成本和资源。但是从长期来看，进行优化设计后的项目是否符合经济、社会、环境等长远发展目标却还无法进行估算。而企业出于自身利益的考虑，往往只顾自身的经济利益和短期利益，而忽视了对社会发展长远目标的考虑和重视。因此，进行施工图优化设计，还必须考虑短期目标与长期目标的兼容问题。交通主管部门应制定相应的管理措施和监督机制，使施工图的优化与变更更符合经济、社会发展等长远利益。

（四）总承包联合体内设计单位与施工单位的权责利划分

一方面，在我国，由于具备设计与施工双重资质的大企业还比较少，往往采取的是“设计单位＋施工单位”联合体的形式进行招投标的；实际情况又是，施工企业的实力较强，往往处在主导地位，而设计单位实力相对较弱，处在相对弱势的地位。这就很可能造成联合体内设计单位话语权的缺失，可能导致施工单位将自身的意愿强加给设计单位，影响工程项目的建设质量。另一方面，相对于施工企业而言，设计单位所获得的设计费用相对较少，因此，设计单位在设计变更等方面很可能缺少积极性和主动性。因此，在项目实施过程中，设计单位与施工单位还应就设计变更后所产生的利益进行合理的分配，从而调动设计单位的积极性。从我国目前的情况看，最好还应从交通主管部门的层面来进行宏观指导，最好能制定操作性强的示范文本，指导设计单位和施工单位就后期工程变更所产生的利益和成本问题进行合理的划分。

（五）延长总承包方的权责追究时间

目前，我国高速公路的缺陷责任期是 24 个月。而对于设计施工总承包模式来说，总承包方在质量和工程进度等方面的灵活性很大。由于业主介入相对较少，工程的风险也可能比常规的项目要大。很多工程上的问题，往往不是在缺陷责任期内发生，而是在缺陷责任期之外发生的。因此，最好延长总承包方的权责追究时间，加强对总承包方的质量问责和监督，更好地保证工程建设质量。

（六）相关配套措施的出台

作为一种新型的项目管理方式，设计施工总承包的实施需要的不仅仅是业主单位、设计单位与施工单位的有效合作，同时更需要相关主管部门制定相应的配套措施来保证设计施工总承包的有效实施。例如，对总承包方市场准入的强制性要求，对设计单位以及大型工程咨询企业的政策扶持，在工程项目变更环节对相关审批部门权利和责任的划分，以及如何提高总承包方的抗风险能力等等。

三、如何打造生态、环保型高速公路

目前，我国经济社会发展已进入新阶段，要实现国民经济持续、快速、协调、健康发展，必须坚持以科学发展观统领经济社会发展全局，转变发展观念，创新发展模式，提高发展质量，将节约资源和保护环境作为基本国策。党的十七大指出：坚持节约资源和保护环境的基本国策，关系人民群众切身利益和中华民族生存发展。从可持续、科学发展的角度，在高速公路项目建设过程中，必须考虑环境保护问题，最大限度地减少对环境的破坏。高速公路在迅速发展的过程中，在极大地推动经济发展的同时，也带来了严峻的生态环境问题。因此，在当前提出以生态理念为指导思想的生态、环保型高速公路是及时而必须的。在高速公路建设的过程中，认真贯彻执行以“预防为主、防治结合、综合治理”的生态环境保护方针，倡导生态价值观与生态化发展理念，改变传统的高速公路建设理念以及生态公路的建设。

在兴畲高速公路项目建设过程中，梅河公司高速重视环境保护工作。在项目实施的不同阶段，梅河公司本着“预防为主、防治结合、综合治理”的原则，从施工前期准备、施工期间的管理、取弃土场的选址和治理、施工便道和施工场地的防护、路基防护以及排水工程、桥涵工程、临建设施及其他方面都做了明确规定，最大限度地保护环境。从兴畲高速公路建设的实际情况看，兴畲高速公路在建设过程中，确实取得了高速公路与环境的和谐共存。“细节决定成败”，无论是选线方案的优化，在低洼的兴畲高速坜陂互通设置湿地，还是取弃土场的处理等问题，无不透出项目业主单位对环境保护细节的重视。

四、继续探索和总结“价值工程”理念

在梅河公司曾负责建设的梅河高速公路项目中，梅河公司在全国首次把价值工程的管理理念导入到整体项目管理层面，率先进行了“价值工程”理念的探索与实践，一切工程管理都围绕对象的功能、成本的内在关系，以创造价值、提升价值为目标，分析矛盾、解决矛盾为核心。正是由于这一管理理念的采用，梅河公司克服了地质复杂、土石方数量巨大、高填深挖、高边坡多、桥涵、隧道多以及建设工期短等建设问题，项目建设仅用了26个月就完成了4年的建设任务，创造了广东省高速公路建设乃至全国高速公路建设的奇迹。因此，基于价值工程理念的先进性和科学性，梅河公司在兴畲高速公路建设中继续倡导价值工程理念，进一步提升了兴畲高速公路项目的价值。

(一)价值工程的理论与方法

价值工程(Value Engineering)，简称VE。它是一门新的管理技术，是一种以提高产品价值为目标的定量分析方法。价值工程是从研究功能出发，利用集体的智慧，探索如何合理地利用人力与物力资源，乃至时间和空间资源，提供能够满足用户的价廉物美的产品或劳务。

价值工程是1947年由美国人麦尔斯(L. D. Miles)所创立的。第二次世界大战期间，美国军火工业获得很大发展，随之出现原材料供应紧张问题。当时在通用电气公司任采购科长的麦尔斯负责寻找解决短缺物资，他根据实际经验，加上供应工作的钻研，提出“如果得不到所需的材料和物品，可以想办法获得它的功能”的设想。于是，他便从研究材料代用问题开始，发展到对功能进行分析与研究，逐步总结出一套价值分析方法，在保证质量的前提下，大大降低了成本，并于1954年被美国海军船舶局采用，以突出工程含义而改称为价值工程(VE)。运用价值工程对降低产品、工程成本的效果显著，在工业发达国家已广泛推广。美国、加拿大、英国、日本和北欧各国都成立了价值工程学会或价值工程师协会。联邦德国已把价值工程的工作

程序、计算方法列入工业标准。到 20 世纪 60 年代,它开始传入日本等国家,日本一些大企业结合目标成本,每年制订出通过价值工程降低产品成本的指标。价值工程研究对象不仅已扩大到机械设备、装置、工夹具和建筑构筑物等硬件系统,还应用于组织、事务、工序、作业等软件系统。在服务行业、事业单位甚至政府机关中,也在用价值工程的原理来改进工作,提高效率。现在,价值工程已被公认是一种行之有效的现代化管理技术。

价值工程虽然起源于材料和代用品的研究,但这一原理很快就扩散到各个领域,有广泛的应用范围,大体可应用在两大方面。一是在工程建设和生产发展方面。大的可应用于对一项工程建设,或者一项成套技术项目的分析,小的可以应用于企业生产的每一件产品,每一部件或每一台设备,在原材料采用方面也可应用此法进行分析,具体做法有:工程价值分析、产品价值分析、技术价值分析、设备价值分析、原材料价值分析、工艺价值分析、零件价值分析和工序价值分析等等。二是在组织经营管理方面。价值工程不仅是一种提高工程和产品价值的技术方法,而且是一项指导决策、有效管理的科学方法,体现了现代经营的思想。在工程施工和产品生产中的经营管理,也可采用这种科学思想和科学技术。例如,对经营品种的价值分析、施工方案的价值分析、质量价值分析、产品价值分析、管理方法价值分析、作业组织价值分析等。

(二)价值工程在兴畲高速公路项目中的应用

从公司整体层面的企业管理,到具体岗位工作的开展;从标段整体的施工组织管理,到具体施工进程的控制;从工程本体的工期、质量、成本三要素管理,到生态、文化要素的关怀,梅河公司都强调价值的取向,工作的意义,把对项目建设的认识从传统的指标完成提升到指标之上的价值理解。表面上,项目建设管理的内容是一项项任务的形成、执行和完成,而其根本目标实际上则是基于功能的各层次、各方面的价值实现。正是基于价值工程的理念,梅河公司识别出了哪些工作具有价值,为什么会有价值,哪些工作没有价值,哪些工作甚至是对整体价值实现具有破坏性,并进一步分清工作的轻重缓急,从而澄清了中国高速公路建设中一直存在的模糊认识,甚至是矛盾的认识,如业主的项目管理定位,业主与承包方的利益关系,工期、质量和成本之间的矛盾,工程本体与生态环保、文化挖掘的矛盾等等。并且得到各参建单位的一致认同和实践,逐一解决。

由于坚持把培养企业的执行力提升到执行文化层次来看待和实践,梅河公司始终能够将项目的建设管理置于科学的管理理念指导之下,进而强化了兴畲高速公路的执行力。这种全新的高速公路价值认知体系,把我国高速公路建设项目管理的认识提升到一个新的高度,这是一种理论成就。

1. 基于价值工程的兴畲高速公路项目管理模式

兴畲高速公路项目是一个系统,而且是一个复杂的系统,在这个复杂系统内,包括了客体要素,即构成高速公路本身的诸要素,例如桥梁、隧道、边坡、路基、路面以及当地的自然环境;也包括了主体要素,如项目管理者、各个承包方、监理商、供应商、上级政府、当地政府以及沿线的人民群众。客体要素和主体要素的主要差别,在于主体要素是带有价值判断的各种不同利益的相关者,而客体要素是不带价值判断的中性内容,因此,主体之间的联系、主体与客体之间的联系,以及客体与客体之间的联系,表现在属性的不同。从系统理论来看,理想的目的系统就是要强化有益的系统要素和联系,而去除无益,甚至有害的那些要素和联系。要做到这一点,首先就要有明确的价值理念。

(1)主体与主体之间的联系:表现在各种价值联系上,如业主与承包方之间,业主与各级政府、当地人民群众之间,这种价值联系既具有经济的成分,也具有社会的成分,对于主体来说,价值联系表现在利益如何在不同的社会群体中的分配,这种利益有时可以用经济效益,也可以用社会效益来衡量,这部分往往通过经济效益和社会效益核算等要素表达。

(2)主体与客体之间的联系:客体往往是价值联系的承载体,高速公路作为纯物质性的东西,本身不带任何的价值观和价值,但是因为对不同的利益主体来说,能够为他们带来经济和社会上的某种收益,因此,对这些主体来说,具有了一定的价值,主体的利益是通过客体来实现的,也就是说,客体是主体的价值的承载者,这部分往往通过传统的项目管理中的工期、质量、成本三要素表达。

(3)客体之间的联系:主要表现在一些自然科学意义上的技术指标

方面,如边坡施工方案与公路的关系、软基与公路的关系、劣质煤层对隧道的关系等等,这种联系往往通过工程量、设计和施工方案、变更等一系列具体的要素表达。

传统的项目管理模式属于狭义的项目管理,偏重系统客体要素的管理,忽视主体要素的管理;偏重主体与客体之间和客体间联系的管理,忽略主体间的联系管理。基于价值工程的兴畲高速公路,项目管理模式基于系统理论,对全部要素和全部联系开展管理。这种项目管理模式是对传统管理模式的有益扩充,如图 6-1 所示。

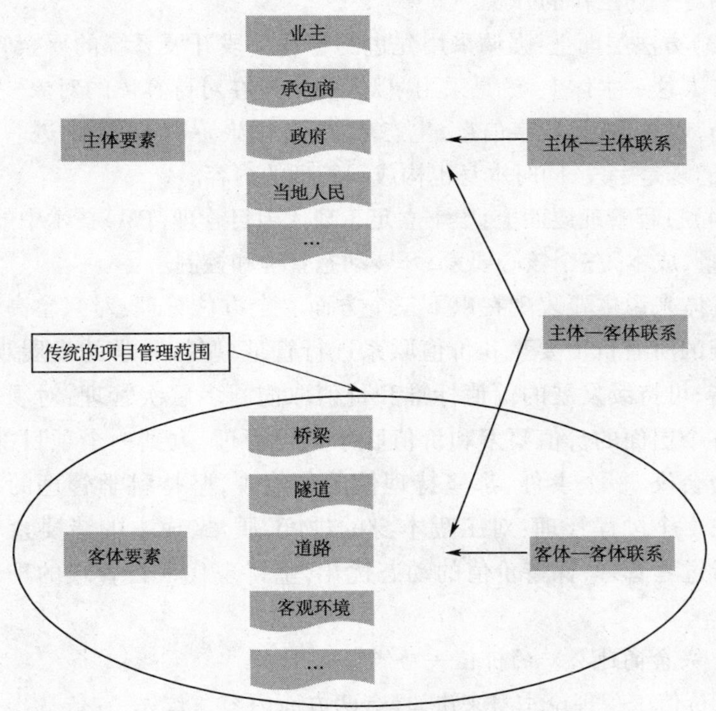

图 6-1　基于价值工程的兴畲高速公路项目管理模式

从系统理论和系统方法论的观点来看,基于价值工程的兴畲高速公路项目管理模式,正确识别了高速公路系统的各种要素和联系,这是兴畲高速公路项目管理体系的第一个层面内容;基于价值工程的理念,基于价值工程的兴畲高速公路项目管理模式正确地对梅河高速公路的价值和功能进行了全方位认知,这是兴畲高速公路项目管理体系的第二个层面内容。

在应用价值工程的过程中，梅河公司兴畲高速公路项目管理模式主要的特点是：

(1)方法论层面上：基于系统方法论(SM)，真正把项目作为一个复杂系统来对待，无论是作为主体的管理者——人；还是作为客体的对象——物，都是系统的有机组成要素，都应该被关注，始终要求做到全盘考虑，依据系统方法论的科学程序开展系统管理，不能偏废。

(2)理念层面上：坚持价值工程(VE)的理念，强调管理就是对价值的管理，凸现一切管理对象的价值以及一切管理本身应具有的价值，并以此指导一切工作的开展。

(3)方法层面上：强调采用先进的管理手段开展系统的要素管理，在对待人这一主体上，就是采用"以人为本"；在对待客体的对象——物的上面，就是采用"数字信息、生态环保、文化旅游"的手段。进一步来说，它们既是手段，同时本身也构成了管理的内容。

(4)过程管理层面上：牢牢立足于现代项目管理(PM)技术中的"进度、质量、成本"三个核心要素，开展动态管理和控制。

具体来说主要表现在以下三个方面。全方位管理：对兴畲高速项目系统的所有价值要素和价值联系进行管理，坚持科学的发展观，追求和谐、可持续发展的价值标准和价值取向。多层次管理：对项目管理的各个层面的价值要素和价值联系进行管理，大到一个项目部，小到一个会议、一个事件，都坚持理性的价值观，坚持科学管理的理论和方法。全过程管理：对工程本身的进度、质量、成本的诸要素和联系进行过程管理，保持价值的动态优化，坚持现代项目管理的理论和方法。

2. 兴畲高速公路的价值—功能分析

从价值工程理论本身来讲，具有两方面内容。首先，它传达出一种鲜明的管理理念：坚持价值导向，一切管理必须围绕价值的提升；其次，只要是价值导向、只要能够提升价值，管理的具体方法可以灵活多变。在兴畲高速公路建设过程中，梅河公司在全方位上关注系统的价值，也在多层次和全过程关注系统的价值。而这正是价值工程理念所追求的。

作为系统，兴畲高速公路内部存在着多种价值联系，这些价值联系相互之间也存在着有机的关联，见图6-2。

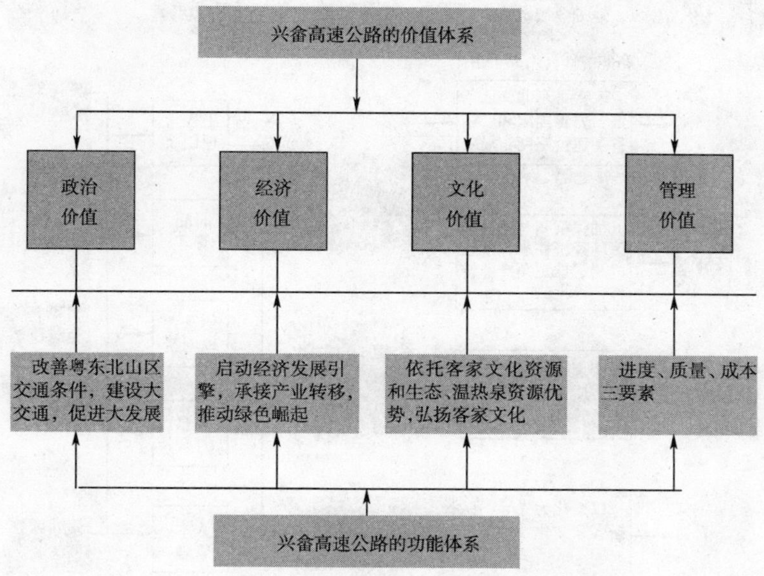

图 6-2　兴畲高速公路价值—功能体系

基于价值工程的理念，在全过程价值认知的基础上，开展全范围、全过程价值管理，上位的功能是由下层的功能来实现的，或者说，上位功能与下位功能存在着目的手段之间的关系。例如，高速公路边坡的主要功能之一是防护功能，防护功能可以通过固定表土的手段来实现，而固定表土这一目的又可以通过植草的手段来实现，等等；又如，梅河高速的文化价值，是通过公路本身所具有的生态环保、文化旅游等总体功能来实现的，而要做到生态环保，就要靠防止水土流失、减少破坏、强化植被等一系列细部的功能实现来达到。文化旅游功能的实现，也必须通过高速公路对该地区客家文化的诠释来达到，在细部功能上，可以通过景观设计等一系列手段来支撑。这样。在不同层次上就形成了一个目的—手段—目的—手段的链条。

作为兴畲高速公路的四种价值，即政治、经济、文化和管理价值，是通过四个总体的功能来实现的，那么，就可以通过价值工程的思维，来进一步分析这些总体功能的下位功能，见图 6-3。可以说，建设兴畲高速公路，就是为了实现兴畲高速公路的四种总体价值，这四种总体价值共同构成了兴畲高速公路的完整价值。

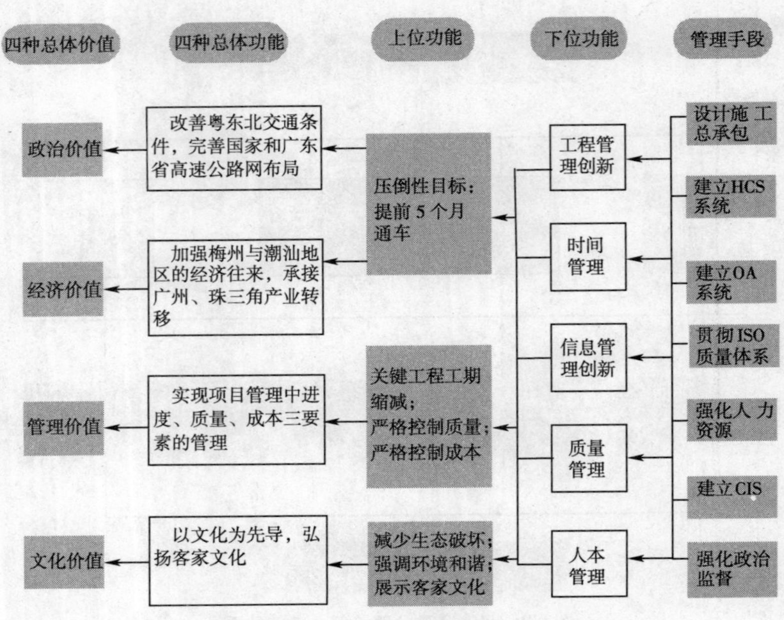

图 6-3　基于四种总体价值的功能－管理分析

第二节　高速公路项目实施“和谐管理”的启示

在一项目复杂的工程建设中，取得的综合效益必须与其采用的管理模式有着内在的必然联系，而不能是偶然的巧合，这种管理模式才有推广的价值。兴畲高速公路项目建设所取得的良好的综合效益，正是采取“和谐管理”的管理模式的必然结果。从它的一些重点做法中，或许我们可以得到一些启示。

一、和谐管理的组织——设计施工总承包联合体

兴畲高速公路项目设计施工总承包联合体的建立，从根本上改变了设计单位与施工单位“两张皮”的尴尬局面。利益的一体化，使设计单位与施工单位形成了有机的整体，促使总承包联合体内部加强了协作配合，减少了推诿扯皮，简化了工作程序，提高了工作效率，优化了设计与施工整体方案，从设计阶段就大大地降低了变更发生的概率，从而减少了重复浪费，有效地控制了工程造价。

在施工过程中，由于路基、路面、绿化等工作都是由总承包方来负责，遇到问题总承包方可以迅速进行统一协调、部署，节省了项目单位的协调处理时间，保证了建设工期。

设计施工总承包联合体的设置，也便于项目单位简化管理，确保一些行之有效的措施的落实，如缩短计量支付周期，加快承包方的资金周转；合理借款，解决承包方短期资金短缺问题；倒排工期计划，重点抓好路槽交验、路面备料及施工、跨铁路桥等节点工程；狠抓安全生产和工程质量，确保不出现责任事故；压缩附属工程招投标流程，协调好路面、机电、交安、房建工程的交叉施工，做到忙而不乱。制订《工程变更管理办法》，规范工程设计变更流程，增强指导性和操作性；规定提出变更后的各级审批流程和时限要求，保证了变更审批的时效，客观上也起到了预防腐败滋生的作用。

二、和谐管理的制度保证——符合设计施工总承包特点的招标文件

所谓制度，就是要求大家共同遵守的办事规程或行动准则。在复杂的条件下，制度也是某一领域的制度体系，并通过文件的形式表现出来。

兴畲高速公路项目的项目业主在招标文件的编制过程中，积极主动向交通部、广东省交通厅、省交通集团和投资公司汇报、讨论，并广泛听取设计和施工单位的意见，充分考虑设计施工总承包模式的特点和兴畲高速公路项目的具体情况，对招标文件进行修正和完善，对总承包方资质、评标办法、合同各方风险划分等方面都做了详细规定，夯实设计施工总承包的基础。

1. 设置保证金制度

按设计施工总承包管理模式，项目单位在赋予总承包方更大的权限的同时，在招标文件中设置了进度风险、施工安全措施、民工工资、文明、环保施工措施、竣工文件编制等各项保证金制度，对项目质量、进度、安全等实行有效控制。

2. 合理设置各方风险范围

在招标文件中明确规定项目单位与总承包方各自应承担的风险范围。项目单位主要承担设计变更风险和材料上涨风险，其他风险由总

承包方承担，以期做到风险共担、和谐共赢。

3. 创新计量支付制度

兴畲高速公路项目对计量支付方式进行了创新，改革了以往公路项目工程全部完工后一次支付的模式，项目单位对承包方采取了按“总价包干、分项清单进度统计、按进度比例支付”的原则进行计量支付的方式，在有效监管的同时，保证了承包方的资金使用。

4. 制订操作性强的项目管理手册

项目单位在认真调查研究的基础上，编写了《兴畲高速公路项目建设管理手册》，对项目初步设计开始到竣工结算完毕的各阶段任务和流程作了明确的规定，并根据实际情况进行修改和完善，形成了一整套操作性强的管理办法；组织总承包方对项目管理手册进行学习，保证操作过程制度化、流程化、规范化。

5. 设置总承包方评审强制性标准，采用综合评标法进行评标

作为设计施工总承包的试点，选择具有实力的总承包联合体非常关键。为此，项目单位编制了《施工招标资格预审强制性标准》，对设计施工总承包方的基本资格、施工经验、设计经验、财务能力、施工单位和设计单位的人员配备、关键设备等方面作了详细规定。只有通过了符合性检查，满足所有强制性标准要求，才能成为设计施工总承包投标候选人。

三、和谐管理的宏观保障——各级党委政府的大力支持

高速公路建设不同于一般的生产经济建设，因为它同时又是一项政府工程。其一，政府作为政策制定者和项目决策者，对高速公路建设起到监督和指导作用；其二，政府是自然资源和社会资源的管理者，决定了高速公路建设的资金和用地；其三，政府是高速公路建设参与者，是项目业主单位和当地群众之间的桥梁和纽带，要协助项目业主单位完成征地拆迁工作，协调项目业主单位与当地群众之间的矛盾冲突。

兴畲高速公路概算投资 10.28 亿元。全线采用设计行车速度为 100 公里/小时，路基宽 24.5 米，桥涵设计汽车荷载等级为公路 I 级，双向 4 车道，沥青混凝土路面，全封闭，全立交高速公路标准，是交通部在广东省推广设计施工总承包模式的第一个试点项目，从广东省省委、省政府到沿线各级党委、政府、相关部门都对兴畲高速公路项目给予了高

度重视和大力支持。

1. 省主要领导亲自过问

广东省委副书记、省长黄华华，省委常委、广州市委书记朱小丹，亲自率领省政府有关部门领导深入到兴畲高速公路一线施工现场进行调研，了解项目建设情况。黄华华省长高屋建瓴地指出：兴畲高速公路的建成通车对梅州地区的发展非常重要，特别是梅州产业转移工业园就设在畲江，兴畲高速公路建成后，从广州到工业园只需 3 个小时，便利的交通更能吸引投资者的目光，破解梅州区位劣势。要求地方各级党委政府、各相关部门进一步做好后勤保障工作，确保工程建设顺利进行。

2. 市、县、镇各级政府层层落实

梅州市及沿线兴宁、梅县分别成立了兴畲高速公路建设指挥部，全力以赴支持该项目建设。各沿线镇成立了兴畲高速公路征地拆迁领导小组，从国土、公路、财政等部门抽调专人参与，由镇党委书记、镇长兼任正副组长。各级行政村与镇党委、政府签订的责任状，从而使任务落到实处，落实到每个责任人身上。各级党委政府的重视和支持保证了兴畲高速公路建设环境的和谐，为工程的顺利进行提供了根本保证。

3. 工程建设资金及时到位

兴畲高速公路建设和谐管理模式加快了工程的进度，兴畲高速公路通车时间将提前 5 个月。广东省省委、省政府密切关注项目的建设情况，及时调整了计划，要求各级政府部门根据统一部署全力支持兴畲高速公路建设，广东省交通厅在工程建设资金上给予大力的支持，保证建设资金及时、到位，确保项目能按期通车。

四、和谐管理的关键步骤——科学地组织了沿线征地拆迁工作

从拆迁的工作量来看，任务艰巨。兴畲高速公路全长 25.735 公里，途经兴宁市永和镇、坭陂镇、新圩镇、水口镇，终于梅县畲江镇。全线共征用各类土地2 821亩，房屋主体占地面积 50 476.75 平方米，电力电线和通信线路拆迁 66 处。其中兴畲高速公路第一合同段 8.5 公里，就涉及坭陂镇境内 8 个行政村，需征地 814 亩，拆迁房屋14 983平方米，115 户。

从拆迁的计划安排来看，时间紧迫。2006 年 8 月完成征地拆迁合同的签订，10 月提交初步用地红线图，12 月征地拆迁进入实施阶段，2007 年 9 月拆迁工作基本完成；2009 年 6 月（后提前到 2008 年底）兴畲高速公路全线建成通车。

拆迁工作不仅在时间上占了整个工程时间的一半，而且是整个建设工作的前提。显而易见，沿线征地拆迁工作是兴畲高速公路建设的重中之重。

(一) 创新征地拆迁补偿模式

为了保证拆迁工作按期顺利完成，按照广东省省委、省政府的要求，兴畲高速公路项目在征地拆迁模式上进行了一次创新——分地类单价补偿、直接补偿到户的方式。

以往，高速公路建设最常用的征地模式是费用包干模式，即项目单位与地方政府协商确定项目征地拆迁总包干费用，并由项目单位按照包干协议向地方政府支付费用，地方政府总承包完成征地拆迁工作，并向被征户支付补偿费用，结余费用归地方政府。

旧征地补偿费用流程：项目单位—地方政府—被征户。

兴畲高速公路项目中，地方政府的征地拆迁工作经费由项目单位单独支付，而不是从征地拆迁补偿费用中结余。项目单位直接面对被征户，参与丈量、清点、记录全过程，并实行分地类单价补偿、直接补偿到户、税费和补偿费分开的方式。

新征地补偿费用流程：项目单位—被征户。

直接补偿到户的方式，不仅减少了工作环节，而且更直接、更透明、更公平。为此，项目单位专门成立了征地拆迁部，专项负责征地拆迁工作。从效果来看，抓住了这个关键，不仅保证了被征户的利益，也保证了拆迁工作的进度，最终保证了兴畲高速公路建设的顺利进行。

(二) 开展深入细致的群众工作

在征地拆迁开始阶段，少部分村民对政策理解有偏差，导致了纠纷的产生，出现了一些不配合征地工作的现象。项目单位本着依靠政府、以人为本、和谐社会的工作态度，加强了与各级政府的沟通，并与沿线各镇组成了特殊情况处理小组，得到了各级政府的大力支持和配合，兴畲高速公路沿线各镇明确提出要求，参与征地拆迁工作的镇干部驻到有拆迁征地任务的村子里，和项目单位共同开展群众工作。处理小组和镇干部深入到村民当中，通过耐心解释政策，解除后顾之忧；深入调查研究，分类分段解决；实行奖励机制，保证按期拆迁等一系列措施。由于领导重视，责任到位，工作扎实，措施有力，调动了群众的拆迁积极性，有力地保障了该镇房屋拆迁进度，为兴畲高速公路项目提供了良好的施工环境。

（三）制订和实施严格细致的管理办法

在征地拆迁过程中，为保证广大农民群众利益不受损失，项目单位对征地拆迁管理制订了严格细致的管理办法，对征地拆迁中的每一种地块都有不同的、分类细致的补偿标准，使农民群众的一砖一瓦、一草一木都得到补偿。

针对征地拆迁管理问题的办法有：《边角地确认办法》、《零星果树、竹木清点办法》、《拆迁房屋、构筑物及附着物确认办法》、《电力线路和管线拆迁管理办法》、《个案处理办法》、《补征地、拆迁、改迁管理办法》、《项目用地土地征收审批管理办法》以及《征地拆迁款支付管理办法》等。

针对征地拆迁款支付问题的办法有：《征地拆迁款支付管理办法》、《征地拆迁补偿合同》、《征地拆迁补偿补充协议》等。

这些办法的制订和实施，使拆迁工作有章可循。

（四）坚持阳光操作，接受沿线群众监督

为实现兴畲高速公路项目征拆工作的阳光、透明，项目单位联合地方政府公开以下内容，接受沿线人民群众的共同监督，以最大限度地得到沿线人民群众的支持和信任。

（1）项目公开。将项目名称、项目用地性质、占地面积及范围、规划设计方案、资金来源、建设期限等基本情况予以公开。

（2）审批公开。向社会公开有关已办理的工程建设资格审批依据、审批机构、审批标准、审批程序、审批时限和审批结果。

（3）程序公开。向社会及时公开征地拆迁方式、步骤、时限、纪律以及投诉渠道等。

（4）政策公开。依法公布征地拆迁安置的政策法规，让群众充分了解和配合征地拆迁安置工作。

（5）标准公开。严格执行政策法规明文规定的有关补偿标准并及时将补偿安置标准公开。

(6)方案公开。每项征地拆迁安置工程都必须制订详细的实施方案,并及时将方案公开。

(7)兑现公开。按照补偿标准,在限定时间将补偿款付给被征地拆迁人;如果是安置,则必须将房屋交付使用的情况在限定时间内予以公开。

(8)拆违公开。对征地拆迁对象中不符合国家、自治区、市政策规定,不具备合法手续,特别是对那些必须无条件拆除的违章乱搭乱建的建筑物一律曝光。

(9)执法公开。向社会公开行政检查和行政处罚的职责权限、执法程序、处罚幅度、监督方式等。在强制性征地拆迁之前,应将执法的有关情况予以公开。

五、和谐管理的文化支撑——项目内部的和谐统一

构建和谐高速公路,最为重要的是能够具有一种促进高速公路建设、运营管理和经营开发和谐运行的管理方法和运行机制,从项目内部和谐的角度来达成组织目标,从而完成由内部到外部的和谐统一。因此,项目内部的和谐是兴畲高速公路建设全部工作的核心。

加强教育与培训,提高全体建设者综合素质。针对高速公路建设不同时期的特点,组织学习相关的规章制度、合同文件、技术标准、施工规范,开展工程管理培训、试验监测培训、计量支付等培训。通过这些教育、培训,增强了建设者的质量意识和精品意识,提高了员工的业务素质和技术水平。

在兴畲高速公路建设过程中,响应国家"全面建设计划",积极组织员工开展登山、联欢晚会、运动会等各种文体活动,增强员工的凝聚力和团队精神。

民工是兴畲高速公路建设的一支重要力量。为了规范支付民工工资管理,预防民工工资拖欠,保护民工合法权益,维护社会稳定,项目单位印发了《广东梅河高速公路民工工资管理办法》,成立了民工工资管理领导小组和工作小组,负责对民工工资发放情况的核查、监督,处理因拖欠民工工资而产生的纠纷等工作。各项目部成立相应的民工工资发放监督小组,由各项目经理任组长,承担本项目部民工工资发放责任人。在具体工作中,建立了工资支付信用制度、民工工资监控制度和民

工工资保证金制度，规范民工劳动合同的签订细节和民工工资的支付管理；规范对各单位银行账号的管理，资金使用计划的实行监控；规范对拖欠民工工资的项目部实施信用惩罚体制，并将扣留的民工工资保证金直接发放给民工，确保民工利益不受到损害。兴畲项目开工建设至今，未出现一起民工劳动合同纠纷事件，未出现拖欠民工工资事件，未出现民工利益受损害事件，民工合法权益得到了较好保障，维护了社会稳定。

六、和谐管理的执行——工程各阶段的工作落实

在项目初步设计阶段，项目单位对兴畲高速公路项目初步设计进行全程细化和分解，从现场质量检查和控制、外业勘察、勘察设计工具、中间汇报、技术交流等环节全部进行质量控制，外业勘察严格执行自检、互检、抽检、签证放行的制度，各类资料收集齐全、规范、完整。引进公路、桥梁工程系列软件，实现绘图、结构分析及信息处理 100% 网络化，提高项目勘察设计质量，保证勘察设计进度。

在优化施工图设计阶段，项目单位全面贯彻交通部典型示范工程所倡导的“安全、环保、舒适、和谐”的新理念，树立“全寿命设计”理念，在“不降低指标、不减少功能、不留后患”、“环保选线，最大限度地保护生态平衡”的设计优化原则指导下，给予总承包方充分的空间进行施工图设计优化。同时，加大对施工图的审查力度，对构造物的优化设计进行专项审查，避免由于总承包方片面追求项目利润最大化所带来的设计隐患。

在设计变更阶段，项目单位明确了总承包方进行合理变更的原则，规定工程设计变更必须坚持优化设计、完善结构、节省投资的原则，符合设计规范、技术标准要求，确保工程质量和施工安全。符合原则的变更，予以支持；未经批准的工程设计变更方案，不得实施，不得办理工程计量支付。制订了《工程变更管理办法》，使工程设计变更流程更加规范，更具操作性。规定了变更后流程和时限要求，保证了变更审批的及时性。

在建设施工阶段，设立样板工程奖金，每个优秀样板工程奖励10 万元。在工程的每个阶段设立不同的样板工程评选项目，如边沟砌筑、填土工程、桩基立柱、梁板预制、混凝土护栏等，直接奖励给施工队伍，及

时组织全线各施工单位在样板工程现场召开现场会，进行参观学习和交流，营造出“比、学、赶、帮、超”的良好氛围，起到了很好的示范作用，带动了全线质量的提高。已评出样板工程有：坜陂服务区土方工程、一标三处的排水沟工程、梅江大桥桩基工程、河塘坑大桥墩柱盖梁工程。另外还通过工程会战、阶段表彰、完成节点目标奖金等方式鼓励加快建设进度。

新的分项工程开工，必须先做试验路段，在试验总结中找出存在的问题，制订改进措施，完善施工工艺，取得成功后进行大面积施工，消除了质量隐患。在兴畲高速公路项目建设过程中，项目单位对桥梁桩基、墩柱、盖梁、梁板预制、桥面铺装、防撞墙、客土绿化、路面各结构层进行了首检，总结分析存在的问题，提出工艺要求，不断地整改、完善，取得了较好的效果。

在兴畲高速公路项目建设的全过程中，鼓励采用新技术、新材料、新工艺，充分挖掘科技潜力。如对全线的软基段落，进行堆载预压和沉降观测，对全线高填方冲击夯实等，进一步提高了路基压实质量，实现兴畲高速公路项目管理创新和科技创新的同步提升。

七、和谐管理的必要条件——安全管理和廉政建设

高速公路建设中，影响安全工作的因素很多，项目单位在对这些因素进行综合分析的基础上，确定不同时期的工作重点和安全生产的管理目标，在项目建设全过程中确保安全生产，不发生任何安全生产责任事故。始终坚持“安全第一、预防为主”的方针，建立健全安全生产组织机构，完善安全生产管理规章制度和各项应急预案，认真落实安全生产责任制，确保安全施工生产。

安全工作涉及所有员工，项目单位在全体员工中认真组织以“综合治理、保障安全”为主题的各项活动，利用横幅、板报、宣传栏、网络等宣传工具广泛宣传安全生产法、安全生产知识等，组织安全知识有奖问答、安全生产知识培训讲座等，为确保实现兴畲高速公路安全生产目标提供有力的保障。

工程建设领域是各种腐败案件易发、多发区。近年来，工程行贿、工程变更、假招标和“黑白”合同等形式的“工程腐败”现象时有发生。高速公路建设中也出现了“高价路”、“腐败路”现象，甚至流传着“工程

上马,干部下马”、“建成一条高速公路,垮掉一批干部”的说法。

在兴畲高速公路建设过程中,项目单位确立了“工程建设人民满意,工程建设者人民满意”的廉政目标。坚持标本兼治、综合治理、惩防并重、注重预防的方针,健全党风廉政建设长效机制,坚持公开、公平、透明的原则,规范工程建设关键环节管理,深入开展同步预防职务犯罪工作。

一是加强党风廉政学习教育,组织党员干部认真学习党风廉政建设各项方针政策。通过内刊杂志《印象·兴畲》、党建之窗、公司网站等各种工具广泛宣传党风廉政建设和反腐败思想,引导职工树立正确的人生观、价值观和权力观,提高防腐拒变的能力,深入开展理想信念教育,形成人人自律、阳光向上的企业氛围。注意纯洁社交圈、净化生活圈、规矩工作圈、管住活动圈,时刻保持警钟长鸣。

二是积极开展同步预防职务犯罪工作。坚持“制度监督保障,关口前移,重在预防,时刻保持警钟长鸣”的工作方针,制订并落实各项制度,实施全方位、多角度、全过程的监督,坚持公开、公平、透明的原则,形成以制度管人,按制度办事的长效机制。

在做好纪律教育工作的同时,还采取的一系列行之有效的制度,如工作会议制度,巡视和检查制度,以及工程招标投标、征地拆迁、工程变更、计量支付等容易滋生腐败、产生职务犯罪、需要重点预防的关键环节的管理制度,并设立了廉政监督员和廉政建设举报箱。

到目前为止,兴畲高速公路建设在责任期内无违法犯罪和严重违纪的现象发生,无贪污、贿赂和各种经济案件发生,同步预防职务犯罪举报为零,有效地发挥了为项目建设保驾护航的作用。

任何一种科学的管理思想与方法,都不可能是思想与方法的缔结,而只是为探索更科学的思想和方法铺平道路;任何一种先进的管理模式,都不可能解决一切问题,而只是为后来者提供一种可供学习借鉴的基础框架。在今后的学习和实践中,必须结合实际,活学活用,而不能削足适履,生搬硬套。更何况,兴畲高速公路建设的和谐管理,仅仅是这种管理模式的初步应用,不可避免地会存在一些问题和缺陷,需要不断地改进完善、开拓创新。但和谐管理模式代表的方向、带来的活力,是值得肯定和学习的。

附　录

广东省交通厅领导在兴畲高速公路通车典礼上的讲话

各位领导、各位来宾、同志们:

上午好!

兴畲高速公路自2006年11月9日动工,经历短短两年时间,在地方各级党委、政府和项目参建单位的共同努力下优质建成通车了。这是我省交通基础设施建设中值得高兴的一件大事! 借此机会,我谨代表省交通厅对兴畲高速公路的胜利通车表示热烈的祝贺! 对大力支持项目建设的梅州市各级党委、政府及有关部门和沿线人民群众表示衷心的感谢! 向艰苦奋战在建设一线的全体建设者致以亲切的慰问!

兴畲高速公路是我省"十一五"期间的重点项目之一,它的建设正是落实省委、省政府建设大交通、促进大发展的战略部署,对完善我省区域路网布局,改善梅州交通条件和投资环境,促进梅州社会经济发展有着重要意义。建成后,兴宁市往汕头等沿海地区的高速公路里程将缩短近40公里。

兴畲项目既是交通部推广设计施工总承包模式的试点项目,同时也是省委、省政府推行"分地类不同单价直补到户"征拆新模式的试点项目。这是一个极具创新、挑战的建设项目,在建设过程中充分发挥设计施工总承包模式的优势,科学管理,在保证质量和造价控制的前提下提前5个月优质建成通车,充分表明兴畲项目设计施工总承包模式的管理是成功的,值得推广,兴畲项目还需要进一步总结,为在我省乃至全国范围内推广总承包模式积累更多的成功经验。

改革开放以来,我省高速公路建设取得了显著成就,在经济建设和社会发展中发挥了越来越重要的作用。实践证明,加快交通基础设施特别是高速公路的建设,是促进欠发达地区经济跨越式发展的最有效手段之一,也是促进区域经济协调发展,全面建设小康社会的重要举措。省委、省政府对我省交通基础设施非常重视,把高速公路建设作为重中之重来抓,并采取各种有效措施,进一步推进和加快高速公路建设速度,掀起了我省交通基础设施建设的新热潮。这对我们继续加快交通基础设施建设步伐,完善全省高速公路网络,无疑是一次大好机会,对我们从事交通公路建设事业的广大干部职工也是一次很好的机遇和考验。兴畲高速公路提前 5 个月优质建成通车,就是我省交通战线的干部职工解放思想、开拓创新、不畏艰难、全力以赴完成交通基础设施建设任务的典范。

根据省委、省政府规划,到 2010 年我省高速公路通车总里程将达到5 000公里,高速公路建设任重道远。我们应继续依靠地方政府和人民群众,进一步解放思想,开拓创新,紧锣密鼓地为高速公路建设谋篇布局,尽快完善全省的公路主骨架网络,使交通基础设施适应全面建设小康社会、率先基本实现现代化的发展要求,为完成省委、省政府交给我们的光荣任务而努力奋斗!

谢谢大家!

广东省交通厅厅长:何忠友

2008 年 12 月 28 日

广东省交通集团领导在兴畲高速公路通车典礼上的讲话

各位领导、各位嘉宾、同志们：

上午好！

在省委、省政府的正确领导和亲切关怀下，在省直各有关部门的支持与协调下，在梅州市各级党委、政府、各有关部门以及沿线广大人民群众的大力支持和配合下，全体建设者经过两年艰苦努力和奋勇拼搏，兴畲高速公路项目提前5个月优质建成通车了。今天，我们举行简单而隆重的通车典礼，共享这一喜庆时刻。在此，我谨代表省交通集团，对莅临今天通车典礼的各位领导和来宾，表示热烈的欢迎！对长期以来关心、支持高速公路建设的地方各级党委、政府以及各有关部门、广大干部群众表示衷心感谢并致以崇高的敬意！向全体工程建设、设计、施工、监理单位的同志们表示亲切的慰问和热烈的祝贺！

兴畲高速公路位于粤东北地区梅州市，是国家重点公路汕(头)昆(明)公路在梅州境内的便捷通道，也是广东省高速公路网规划的组成部分。项目路线起于兴宁市永和镇，经坜陂互通立交连接已通车的梅河高速公路，途经兴宁市坭陂镇、新圩镇、水口镇，终于梅县畲江镇，经畲江互通立交连接已通车的汕梅高速公路，全长25.735公里，概算总投资10.29亿元，采用全封闭、全立交双向4车道的高速公路标准，沥青混凝土路面，设计速度100公里/小时。

项目主要工程量有：土石方638万立方米；沥青混凝土路面52.4万平方米，大中桥8座；涵洞69道；通道天桥28座；互通立交3处；服务区1处，安全设施、监控、通信、服务设施等。

兴畲项目是交通部推广设计施工总承包模式的试点项目，也是省政府推行"分地类不同单价直补到户"征拆新模式的试点项目。为落实省委、省政府关于"加快山区交通基础设施建设，促进区域协调发展，促进全省共同富裕"的战略部署，加快粤东山区的经济建设，建设者们将通车时间整整提前了5个月。建设这样一条承载着试点重任和客家儿女奔康致富殷切期望的高速公路，无疑是一项巨大的挑战。各参建单位解放思想、齐心协力、奋勇拼搏、科学管理、精心施工,克服了重重困难,牢牢把握了项目建设的主动权;在两年的建设过程中,广大建设者们勇于实践、大胆创新,根据设计施工总承包模式的特点,打破传统的单价合同模式,以抓好工程质量为主线,采取一系列措施,逐步建立了一套适合总承包模式的管理体系,成功实现了质量、工期、安全、造价、廉政五大目标,建设了一条“创新、优质、和谐、共赢”的高速公路,打造了省交通集团项目建设的新品牌,向省委、省政府和粤东人民递交了一份圆满的答卷。同时,《高速公路建设项目的设计施工总承包管理》作为兴畲高速公路项目管理成果还荣获了国家级的第十五届全国企业管理现代化创新成果二等奖。

当前,国家提出了加快基础设施建设的要求,高速公路迎来了新的建设高潮。作为我省高速公路建设的主要承担者,我们将一如既往,同心同德,艰苦奋斗,确保完成省委、省政府交给的建设任务,把省交通集团做强、做大,为加快广东社会经济发展作出新的更大的贡献!

祝梅州经济发展蒸蒸日上,客家人民致富奔康!祝各位领导、来宾和同志们身体健康,万事胜意!

谢谢!

广东省交通集团总经理:李静

2008 年 12 月 28 日

广东梅河高速公路有限公司简介

广东梅河高速公路有限公司于2003年8月正式成立，是由广东省交通集团属下的广东交通实业投资公司（占70%）和广东省路桥建设发展有限公司（占30%）合作组建而成，负责梅河高速公路和兴畲高速公路的建设和营运管理。

梅河高速公路（程江～华城段、华城～蓝口段）是广东省2003年重点工程建设项目，是改善粤东山区交通条件和投资环境，促进区域经济协调发展的高速公路项目，属广东省高速公路干线骨架的重要组成部分。项目起于梅州市程江镇，终于河源蓝口镇，路线全长为118.41公里，批复概算48.35亿元。该项目于2003年9月开工，2005年10月正式建成通车。在项目建设过程中，梅河人始终发扬“优质高效、务实创新”的企业精神，树立和实践“服务型业主”理念，仅用26个月完成了全长118.41公里的梅河高速公路建设任务，并创造性地提出了以“价值工程为核心，集以人为本、数字信息、生态环保、文化旅游为一体”的新概念梅河高速公路理念，赢来了社会各界的高度赞誉。

兴畲高速公路位于粤东北山区梅州市，是国家重点高速公路汕

(头)昆(明)高速公路在梅州境内的便捷通道,它将汕梅高速公路与梅河高速公路有机连接在一起,缩短了潮汕地区与粤东北山区的交通运输距离。项目起点在坜陂互通处连接梅河高速公路,终于汕梅高速公路的畲江互通,全长约25.735公里。兴畲高速公路项目作为交通部推广设计施工总承包管理新模式的试点项目,广东省交通厅、省交通集团均给予了高度重视,要求努力探索建立一套适用于交通行业设计施工总承包模式的管理体系。该项目于2006年11月9日正式动工,2008年12月28日建成通车,比原计划提前了5个月,全面实现了梅河公司提出的“创新、优质、和谐、共赢”的项目建设整体目标,《高速公路建设项目的设计施工总承包管理》作为兴畲高速公路项目管理成果被评为“第十五届全国企业管理现代化创新成果二等奖”,为在全国范围内推广总承包模式作出了有益的探索。

广东梅河高速公路有限公司荣获管理创新成果奖证书

全国企业管理现代化创新成果简介

全国企业管理现代化创新成果属于国家级成果，审定工作自1990年由原国务院生产委员会、国务院企业管理指导委员会批准开展以来，得到了国家有关部门、各地区经济主管部门和企业团体的大力支持，也得到了企业的积极响应。全国企业管理现代化创新成果审定委员会，负责“全国企业管理现代化创新成果”审定工作。全国审委会下设办公室，与中国企业联合会管理现代化办公室和中国企业联合会管理现代化工作委员会秘书处合署办公，承担日常组织、联络工作。

2003年，国务院国有资产监督管理委员会发出了《关于进一步组织做好全国企业管理现代化创新成果有关工作的通知》，要求进一步组织做好成果审定和推广工作，并提出可比照国家对科技创新成果的奖励办法，对成果创造单位和个人进行表彰奖励。2006年，国家发展和改革委员会发出了《关于组织中小企业参加全国企业管理现代化创新成果推荐申报工作的通知》，要求各级中小企业管理部门在落实有关扶持政策和具体项目时，可对获得国家级企业管理创新成果的企业予以优先安排。

经过多年努力，全国企业管理现代化创新成果在全国基本形成了多层次（国家级、地区或行业级、企业级）和具有广泛性、权威性的企业管理创新成果申报、推荐、审定和宣传推广体系。通过开展企业管理创新成果审定和推广活动，构建了官（政府）、产（企业、社团组织）、学（大学、科研机构、专家学者）合作推进企业管理的交流平台。目前，国家级企业管理创新成果审定工作已举办了15届，审定发布的成果超过1 000项。

图 片

图1　2006 年 11 月 9 日兴畲高速公路动工典礼

图2　2008 年 9 月 13 日,广东省委副书记、省长黄华华(前左一)在广东省交通集团董事长、党委书记(前右一)朱小灵等领导的陪同下视察兴畲高速公路

图3　2008年12月17日，广东省副省长佟星（前左一）在广东省交通厅厅长（前右一）、梅州市委副书记、市长李嘉等陪同下视察兴畲高速公路

图4　2008年7月9日，梅河公司总经理李坚向广东省政协专题视察团介绍兴畲项目建设情况

图5　2007年4月28日，梅州市委副书记、市长李嘉（中）等领导在梅河公司总经理李坚（左）、党支部书记韩洪（右）陪同下视察兴畲高速公路

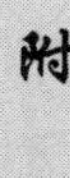

图6　2008年3月27日，广东省交通厅副厅长陈冠雄（中）视察兴畲高速公路

图7　2007年1月25日，广东省交通集团董事长、党委书记朱小灵（中）等领导视察兴畲高速公路梅江桥施工现场

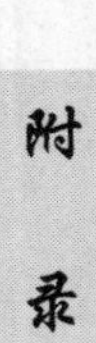

图8　2006年11月28日，梅州市人大常务副主任曾超麟（左一）率领梅州籍全国、省市各级人大代表视察兴畲高速公路

图 9　2008 年 3 月 20 日，梅州市常委、常务副市长张远方（右二）、梅州市交通局局长史明锋（右三）、兴宁市副市长何剑清（右一）在梅河公司党支部书记韩洪、副总经理侯浙学等陪同下视察兴畲高速公路

图 10　广东省交通集团总经理李静、副总经理邓小华在梅河公司召开会议

图 11　梅河公司总经理李坚、党支部书记韩洪、副总经理侯浙学春节慰问参建单位

图 12　2008 年 6 月 26 日兴畲高速公路确保通车决战誓师动员大会

图 13　2007 年 3 月 20 日，兴畲高速公路开展“两预防、两满意”活动联席会议暨同步预防职务犯罪工作动员大会

图 14　征地拆迁丈量土地

图 15　征地拆迁清点零星果树

图 16　征地拆迁实地勘察

图 17　兴畲高速公路畲江互通全景

图 18　建设中的梅江大桥

图 19　跨铁路桥

图 20　坜陂互通

图21 新圩互通

参考文献

[1] 庹小玲. 浅析设计施工总承包. 山西建筑,2007,33(19):214-215

[2] 黄小雁,张云波,章凌云. 设计-施工总承包及其担保. 基建优化,2006,27(4):14-17

[3] 郑宇,李维祥. 设计-施工总承包模式在南京地铁盾构工程中应用. 建筑管理现代化,2005(2):26-28

[4] 胡晓军,黄志平. 设计施工总承包(DB)与传统承包模式比较研究. 技术经济与管理研究,2006(2):67

[5] 胡绍东. 设计施工总承包在公路工程中的应用研究. 武汉理工大学硕士学位论文,2007:29-45

[6] 眭彦荣. 高速公路环境保护及保护措施浅析. 科学之友,2007(5):159-160

[7] 温炎生. 高速公路征地拆迁安置补偿存在的问题和对策. 审计理论与实践,2003(5):34-36

[8] 俞莉佳. 高速公路建设对拉动经济的作用研究. 现代商贸工业,2007,19(11):36-37

[9] 袁彩云. 我国高速公路征地问题分析. 中国房地产金融,2004(10):11-14

[10] 刘兴旺. 高速公路建设与生态环境保护探讨. 山西建筑,2007,33(36):339-340

[11] 周善成. 和谐社会 和谐企业 和谐管理. 经济师,2005(12):277

[12] 周创. 做好民工工资支付 营造和谐施工环境. 公路,2008(2):30-31

[13] 于江霞. 政府在公路建设中的定位与作用研究. 长安大学学报(社会科学版),2004,6(4):25-28

[14] 冯伟林. 谈高速公路行业的廉洁与和谐. 湖湘论坛,2007(3):33-34

[15] 字春霞,李蜀庆. 高速公路建设对生态破坏的经济损失研究. 中国生态农业学报,2005,13(2):7-10

[16] 郭扬,侯渡舟,杨海珍. 企业和谐管理的内涵及要素分析. 技术与创新管理,2008,29(2):135-140

[17] 黄丹,席酉民. 和谐管理理论基础:和谐的诠释. 管理工程学报,2001(3):69-72

[18] 陈淑妮. 和谐管理中的员工关系研究. 深圳大学学报(人文社会科学版),2008,25(2):97-101

[19] 王锋. 论企业和谐管理. 现代财经,2007(9):39-43

[20] 李桂华. 企业和谐管理的特征与性质. 商业经济与管理,2007,186(4):43-48

[21] 张治忠,马纯红. 企业和谐管理的文化伦理诠释. 中南林业科技大学学报(社会科学版),2007,1(2):19-22

[22] 孙洪滨,徐其东. 企业实现和谐管理之探析. 商业现代化,2008(5):144-145

[23] 林国建,杨志萍. 现代企业和谐管理新视野. 经济研究导刊,2008(1):53-54

[24] 王大刚,席酉民. 和谐管理理论研究评述. 生产力研究,2007(6):141-145

[25] 高速公路丛书编委会. 高速公路运营管理(第2版). 北京:人民交通出版社,2003.